全球首本
官方授權

一 站 式 開 創
SHOPLINE 大書

U0054036

第一次開網店就大賣

目錄 CONTENTS

Chapter 3 第三章：新手經營

Chapter 4 第四章：穩健成長

Chapter 5 第五章：SHOPLINE 店家故事

推薦序一：
給你輕鬆上手的網店工具書

　　這本書是令人感到興奮的一本網店「工具書」。香港社會開網店的氣候以及開店實用資源給我一種資源錯配感覺。想成為老闆，自己在網上以低成本高效益的方式創立自己品牌的人有很多，但坊間真正可以用來做「天書」的網店教學書本卻不很明顯。

　　想開網店的人，多半是相信網上名氣、靠朋友介紹或者自己逐步嘗試。然而，網絡世界日新月異，單憑一己之力在網上找 source 學習，逐步篩選有用資訊，再一步步自己試開店，到摸熟一個系統之後，網絡世界可能已經不斷進化而將過往的知識拋離，使整個過程事倍功半之餘，令滿腔熱誠的創業者更易放棄。

　　本書以工具書的方式，從對網店毫無認識，一直到網店穩定成長，當中店主所涉及到的疑難雜症，開店問題等一一解答。全書共 30 多道題目，涵蓋初期網店貨源及付款、物流設定，一直到後期的行銷及數據追蹤，深入淺出地將當中要點完全闡述，務求讓身處任何階段的店主和準店主們都有所獲益。令有一顆創業夢的讀者們，不需再四出搜羅可靠資訊，只靠一書即能夠自己做老闆，成為獨當一面的網絡店家。

　　SHOPLINE 作為本地網店平台，當然希望看見更多年輕人及具規模多樣化的大、中、小企都在電子世代中更好地裝備自己，迎接線上購物的零售新潮流。「店家的成功，就是我們的成功」，為了令店主們都在創業路上走得更順利和成功，SHOPLINE 特意推出此書，將網店平台的概念透過印刷品方式呈現出來，將我們的理念更進一步推崇。我衷心希望，利用此書為各位帶來一種新知識，以及提供多一種選擇，令你能成為自己事業路的「揸 fit 人」！

Tony
SHOPLINE 行政總裁
shopline.hk

推薦序二：
開拓傳統零售實體店以外的商機

　　香港零售業由2015年起經歷三年多的調整期，直至2018年首季的零售銷貨額按年上升14.3%，達到1292.22億港元。雖然香港零售業回復較穩定的發展趨勢，零售商仍然面對複雜多變的營商環境，包括人才短缺、經營成本飆升、及毛利受壓等各種挑戰；競爭激烈的市場環境和不斷轉變的消費模式，企業要突圍而出，必須要加強創意及善用新科技將線上與線下零售結合，開拓傳統零售實體店以外的商機。

　　為鼓勵更多零售商建立優質網店及切合零售商發展全渠道零售業務的需要，協會於2017年初首推「優質網店認證計劃」，按網店在顧客購物體驗、履行交易及信譽發展三大範疇所釐定的指標進行全面客觀的評估，認證優質的網上購物商店；並為業界釐定認可的優質網店指標，助零售商發展網上零售業務。

　　為緊貼網上零售市場的變化，計劃指標亦會按年優化，期間邀請不同的電子商貿伙伴公司擔任協會旗下的電子商貿諮詢顧問團，以最前線緊貼市況的角度分享業界需要，感謝SHOPLINE參與其中，成為計劃主要合作夥伴之一。SHOPLINE的網上開店平台為優質網店建立基礎條件，配合多元推廣、培訓課程、以及此出版新作，為有意投身網上生意的中小企零售商提供一站式開設及推廣網店的服務及專業意見，協會希望持續透過與SHOPLINE的合作，共同推動香港電子商貿的健康生態。

　　長遠而言，要抓緊零售新時代下的龐大機遇，零售商必須適時適度地在數碼化的時代加速轉型。協會期望政府大力支持零售業應用科技，加強香港零售商在電子商貿的競爭力，持續鞏固香港零售業的競爭優勢。

香港零售管理協會
www.hkrma.org
2018年6月

推薦序三：
為電子商務的入門者點亮了一盞明燈

　　過去香港的電子商務因為成熟方便的零售市場及密集的城市發展，網上交易商務活動一直沒有多大起色，落後於國外甚至是中國大陸。

　　港人熟悉的電商平台主要是國內的淘寶天貓或是國外的亞馬遜，但隨著全球電商發展愈趨成熟以及本地零售成本日益飆升，香港電子商務市場再次成為各商家的重點。但一般中小企礙於財力及經驗，無法發展出一套適合本地消費者使用經驗而又能接軌世界電商市場的電子商務系統。

　　過去的電商平台，不是過於複雜，就是不能配合本地的支付及物流系統，使用者經驗亦不佳。SHOPLINE 的出現正好解決了以上的問題，無論是初入門者或者想轉型到電商市場的傳統店舖都能一一照顧，營運者亦能保有個性化的特色，加上能配合各種有效及流行的數碼營銷工具，無論你是想接觸新的客戶或追蹤過往的訪客，SHOPLINE 在這方面的表現都十分出色，為電子商務的入門者點亮了一盞明燈。

　　最重要是他們有一班年青有活力的客戶服務團隊，無論是線上的教學或線下的活動，他們都毫不吝嗇地分享並有條不紊地教導你如何一步一步成為一個成功的電商。本書更是集以往經驗的大成，令人十分期待。

方健僑博士
香港理工大學企業發展院客座教授

推薦序四：
電子付款新世代

憑著相信金融服務能帶來機遇的信念，PayPal致力向大眾推廣金融服務，令大眾和企業都能積極參與環球經濟。PayPal的開放數碼付款平台，讓用戶無論在網上、手機、應用程式，或個人與個人之間，都可透過嶄新和高效的方式連接及安心進行交易。PayPal 業務已遍及全球超過200個市場，讓買家與賣家可以接受超過 100 種貨幣的付款，可以保存在 PayPal 帳戶餘額的貨幣亦有 25 種。

SHOPLINE 一直以來都是 PayPal 的合作夥伴，其網店平台與 PayPal 的交易服務系統無縫整合。SHOPLINE 作為一間專門提供網店平台的公司，一直為全亞洲近20萬個大小品牌提供網店營運服務，累計接觸超過2億名消費者。在大量 SHOPLINE 網店商戶與大量消費者之間，必然產生高額且持續的網上交易，自然需要一個簡便、快捷、安全和普及的網上交易方案。

面對此龐大的商務需要，PayPal 服務的整合應運而生，為 SHOPLINE 店家的客人提供多一個優質的付款選項，同時為 SHOPLINE 店家提供安全高效的收款方案，並善用 PayPal 在全球市場的普及性，接觸更多潛在客戶，拓展網店生意。在此，我們希望與 SHOPLINE 的合作能使更多店家及消費者受惠，使電子商貿更繁盛。

這本書為開網店新手而設，即使你沒有經營網店的經驗，都可以拿著這本書作為參考。書中用字淺白，而且題材深入淺出，簡單易明，更可增進你的網絡營銷知識。因此向各位讀者由衷推薦此書，希望大家從書中得益。

PayPal

Chapter 1:
籌備開店

Q01:
全球智慧零售趨勢與展望，
四大關鍵塑造全方位新零售

　　根據調查顯示，「智慧零售」潮流近年從美國直吹香港，在發展中國家的電子商務快速發展帶動下更急速成長。但在電商較成熟的地區，線上流量成長漸趨緩慢，即使實體商店仍在衰退，大眾購物的形式短期仍以線下為主，因此零售業者不得不加大力度擴張和整合線上線下，向全方位零售邁進。

　　全球零售產業正處於轉變中，未來零售產業面貌將與目前大不相同，預料整合線上線下與創新科技，迎向智慧零售為大趨勢，會為產業帶來變動與創新的風潮，帶來更多價值。消費者行為已成創新 O2O（Onilne to Offline）的關鍵，關鍵不只在於銷

售，更要深入了解每個顧客，以提供完整且優質的購物及品牌體驗。對電商產業來說，O2O不只能夠跨行業、跨地域，還能整合跨線上線下會員資料，再利用這些數據資料，為各品牌帶來管理上的革新，加強品牌價值，實現全方位零售。

4大消費關鍵引領智慧零售的浪潮：虛實整合、顧客體驗、創新科技、數據分析

虛實整合的 O2O 崛起，加強顧客忠誠度

當數位化腳步跨越各大渠道，「虛實整合」成為趨勢時，由於消費者並不忠誠於任何渠道，店家與顧客需利用全方位渠道包括電話、網絡平台、實體店面、促銷推廣等進行線上線下的互動與溝通，因此店家提供線上與線下無縫接軌的購物體驗必定是勢在必行，這也是全球零售業者積極投資線上及數位體驗的主要因素之一。無論大小品牌在整合線上線下時也會碰上相同的問題，如無法整合管理各渠道會員，並進行後續行銷。因此，在追上智慧零售的浪潮同時，線上線下商店與線上社群媒體的整合，需善用會員整合平台管理，掌握會員資訊加強顧客忠誠度，建立O2O循環。

以顧客為核心，優化消費體驗

　　儘管電商發展迅速，仍需藉整合虛實來帶來完全嶄新的消費者體驗，以消費者為中心，消費者的需求帶動商業發展。未來的實體通路將從提供商品的角色轉變成線上服務及生活解決方案的供應者，讓線上的品牌店家結合線下實體門市或快閃市集後，能帶給消費者理性上產品資訊或商品功能。電商業者在線上線下界線日漸模糊的生態系中，如何在前進全方位零售的同時，帶給消費者獨特的價值，打造嶄新的消費者體驗，才是在市場中至勝關鍵。

科技引爆新商機，
翻轉消費模式

　　科技的發展可帶給消費者更創新的消費體驗，未來零售業更應該善用物聯網（Internet of Things）、人工智慧（Artificial Intelligence）、擴展至虛擬實境（AR／VR）與智能機械人，帶給消費者更真實的購物體驗，並給予企業與店家更創新的商機。例如透過結合實體店面、網路平台、社交網絡互動、行動裝置及 App 等，從過去實體店面、到電腦線上購物、到手機購物、至目前已出現內建人工智能，如聊天機械人能即時回覆消費者的問題，並透過智能行銷渠道對目標受眾做再行銷，以滿足多樣性的客戶需求與喜好，穩固顧客忠誠度，大大改變未來科技化消費模式。

大數據分析，
精準的行銷指標

　　為了快速應對頻繁創新的零售模式，數據分析技術在零售業的轉型過程中扮演要角，利用數據實現顧客關係之間的互動與管理、分析顧客行為特徵、精準傳播訊息、並改善消費者體驗，與顧客建立情感關係。事實上，智慧零售的客戶群分析方法，已與傳統零售有所不同，數字分析只是基本，如果不能了解會員實際行動的根本原因，只針對重點客戶數據加以分析，對準目標受眾再行銷，即使擁有再多的資訊，也無法成為零售戰略的重要依據。大量數據在零售營運每個導向，若能善加利用，不論產品及供應，或銷售和服務，都有許多創新價值。

站穩全方位零售，再現行銷新商機

　　O2O 時代來臨，零售業面對著許多挑戰，如消費型態改變、人力或物料成本高漲，然而，成功的全方位零售經營者必須回歸零售本質，除了提供消費者所需的商品、服務以及更有效率的購物環境，也需要方便化的線上線下會員管理、精準分眾行銷實現個性化、場景購物設計做到科技化、數據分析做到策略化等，如此一來，才能創造顧客對品牌價值的認同感，更高效地獲取客戶，進而提升營運效能，持續翻倍獲利。

　　透過由數據分析瞭解營運狀況，才能朝往下一個階段邁進，打造企業品牌的新版圖，站穩全通道市場，再推展至行銷新商機。

Q02:
網店攻防戰 ——
六大店家全拆解（上）
以量取勝的賣家・故事主導的賣家

在網絡資源和資訊爆炸的年代，透過網絡開展自己業務愈來愈容易。然而，由於門檻愈來愈低，也有更多競爭者加入網絡營銷戰，你的對手愈來愈多樣化。因此，網絡營銷的策略不在止於賣甚麼、如何賣，也要考慮到網店本身、產品性質及經營類別，調整出最適合自己的營運模式。接著的一連三篇文章，為大家剖析六大種店家的類型，以及他們經營網店的模式，如何能在云云店家中突出重圍！

漁翁撒網，以量取勝

　　對於毫無創業經驗的人來說，市場研究是極為重要的一環。但心急想開店大賣特賣，還有心情慢慢研究市場再開店嗎？不如直接落手做！嘗試購入多種不同種類的產品，除了在一開始需要較大資金支持外，其實是好處多多的。第一，因為根本不知道網店主打甚麼產品、客源，利用多種類產品銷售，就可以憑銷售表現看出哪些是暢銷產品，也可以知道網店應該以哪種產品為銷售主打。然後慢慢累積經營經驗，再收窄來貨的選擇並專注做好某幾類產品的銷售。

　　另外，大量引入多種類產品，網店就能夠在較短時間內累積到更大的客源，並以口耳相傳的模式讓客人互相推介。由於不同種類的產品會吸引到有不同興趣、背景的客人，令網店不必擔心因產品太專門而沒法做好品牌推廣的問題。而

且，假設產品有十種顏色，多數店家只會入貨最熱門的顏色，但所謂人棄我取，漁翁撒網式地入口所有顏色的同一件貨品，讓尋找罕見款式的客人都可以買到心頭好之餘，也可以藉此建立起品牌的形象，例如「在外面找不到的我都有」或者「萬能藏寶庫」等。

如果店家擔心先入口產品難以售出的話，可以參考本書後半部分講解銷售策略及技巧的文章，讓你輕鬆售出滯銷產品。而如果已經決定了大量入貨售賣，就必須先好好管理庫存，或者找來貨品管理專家來處理大量訂單、貨存的情況！

不只賣產品，也賣故事

網店店主在經營上遇到的另一大問題，是「外面眾多同類型產品，我為何要選擇買你的？」這正正彰顯了「品牌」的價值和意義。對於全心投入初創品牌事業的人來說，品牌故

事不難，前人也有很多參考。例如知名網絡媒體 9gag 創辦人如何由「公屋仔」走到矽谷，為港人爭光？自訂手錶品牌 EONIQ 如何由麥肯錫跳到「自己手錶自己砌」的自家品牌？以上都是一些很有參考性的故事。

當然，故事不能抄，因為要有獨特性，也要有原創性，才能夠透過情感元素，去建立一班超越單純想買產品的支持者群（需知道在今天消費力極高的社會中，購物已經不單是買產品本身）。一些切入點可以是：本地設計品牌、全手工製、80後高薪轉職、大學畢業生全新概念等。如果你真的無法想到賺人熱淚的店家故事，那就放大你品牌的最值得自豪的特色，以此為中心點發展出品牌的故事。

這樣一來，將品牌故事轉化成為產品的附加價值，除了能夠突破競爭對手的減價戰（因故事無法賤賣），也能培養出一班比起一般消費者還要忠實的支持者，以鞏固網店的客戶基礎。這種做法對於寂寂無名的初創品牌來說尤其重要，必先有穩定的客源和收入基礎，才能夠紮實地繼續擴充業務。

Q03:

網店攻防戰 —
六大店家全拆解（中）
專門產品的賣家・跨平店營銷的賣家

對於從興趣發展出事業的店家來說，經營網店不是事業的全部。而要透過小本經營的網店打入市場，為品牌帶來穩定收入，則可能要更花心思，策劃一下網店行銷的攻略了！

專門、專業、專注

　　以網店為副業的店主，遇上最大問題多數是時間不足，無法經營多項產品的售賣或者處理大量不同類型的訂單。然後他們就開始收窄產品貨源範圍，只賣某類型產品。當店家只集中賣一兩種產品，就會開始進入無法大量提升客源的死胡同。然而，千萬不要視這種情況為你的弱勢！反過來說，由於只售賣一兩種主攻型產品，反而為你提供了「專家」的優勢！

　　決勝點就在於品牌形象。售賣小眾產品面對的最大分岔點是：處理得宜，你就是行內龍頭；處理不宜，你就是只賣小眾產品的小店。品牌形象的建立可以從幾個方面去想，例如在宣傳文字上多一點提及自己是「專業的XXX零件賣家」，

或者「最難找的XXX產品我都有」。另外，著實一點，你也可以為客人提供額外的服務，例如是「售後兩星期諮詢／使用教學」。如果你日理萬機真的無法應接查詢，也可以用「售後送你免費使用技巧影片」作招徠，令你的專業形象更有說服力。

記住，賣的產品少，就要做得專注，要告訴別人你是行內賣這種產品最傑出、最好的店。切忌妄自菲薄，用專業形象和服務，撼動你那班超專注的客戶群吧！

不要懶惰，必須跨平台做

「我只想輕鬆經營，為何要開自家網店那麼麻煩？」是很多商城式店家的想法。不過，長遠一點去想，任你的產品再小眾再專門，網絡上總有對手在做同樣的事，而Amazon之類的大商城就正正將所有類似店家翻開肚皮讓大家看。試想想，消費者看見你的對手賣得便宜，你還有競爭力嗎？

其實是有的，不過就再不在於商城平台了。如果要突破同類產品的減價戰競爭，你就要另辟新市場－自家網店。然而，開設自家網店不等於要放著商城不管，最理想的做法是雙軌並行，將兩者各自的好處互相利用，為網店和品牌帶出最大價值！

兩者的好處分別是甚麼？如果你擁有自己的網站，就可以提供商城中無法提供的額外服務，例如網店專享的優惠碼、多種付款方式、網頁上即時回應的諮詢服務、影片介紹等等。至於商城的好處，自然是平台規模大，對於消費者來說較有信心（至少店家有問題時商城也有相應對策）。同時，如果在節日時候能成為商城的推介店家，對於行銷和品牌形象來說是超大的強心針！

所以，自家商店和商城經營兩者也要做，不能夠懶惰。兩者同時運作之後，自能兩方面吸引客人，不怕減價戰之餘，也能夠爭取在商城的各種活動推動銷售！

Q04:
網店攻防戰 ——
六大店家全拆解（下）
實行O2O的賣家 · 負公司之名開店的賣家

　　有些店家或許本來長時間在經營實體店業務，為了貼近消費者潮流而開展網絡商店，也有些店家是被公司派出來開拓網上新市場而開網店的。這兩類型的店家包袱較大，尤其是當公司名譽當前，必須小心經營網店，才能夠避免因網上經營不善而拖累公司形象，弄巧反拙的情況。

藕斷絲連的網上網下關係

公司要辦網上商店，絕不代表你不能夠向實體店Say no，由自己空手去做。最理想的做法，其實是用雙向的O2O (online to offline, offline to online) 的方式，將活化網上和線下的客人流動，讓兩邊商店都受惠於對方的獨特客群。先思考兩者的獨特性再行動吧！在實體店中你可以親眼見到客人，也有客戶服務專員負責協助客人，這些店裡的互動場面是極之珍貴的，記得多拍攝實體店的情況，以及客人愉快購物的畫面，然後全都放上網上宣傳，讓網絡的潛在消費者都感覺到「人」的溫暖感，以情感元素刺激他們消費。

你也可以好好善用網上的部落格介紹產品、拍攝後台工作間實況、邀請店員撰寫感受、拍攝店舖照片等，以更真實、貼地的方式接近客人，並做出沒有實體店的店家未能做到的事。倒過來說，要在實體店宣傳網上商店就來得更容易。在考慮行銷活動時，可以加入「登記成為網店會員／讚好品牌Facebook專頁即享9折優惠／獲得贈品」之類的做法，去提升網店支持者基礎。另外，也可以讓實體店的同事提及網店獨有的消費優惠（當然盡量避免和實體店產品優惠有所衝突），或者將品牌新開網店的消息放在店舖當眼處（甚至印成單張派發）。

記住，不要將網上網下視為獨立體，也不要將兩者過份分隔。線上線下有互相補足的作用，只要懂得利用各自的特性，絕對能夠為網上商店帶來極大收穫！

公司就是公信力

如果你是要幫公司開一個新網店，就盡量利用公司的強大資源！有相當規模的公司、有相當支持者的產品，就容易有不少競爭者在售賣同類產品，甚至是小店轉售自己的產

品。這種情況下，大公司最大的競爭力就在於其公信力。在產品宣傳方面，可以多加入「XXX產品／品牌官方網站正式上線」或「全港唯一XXX官方網頁」等字眼，去強調品牌網店的正名。

除此以外，你也可以提供一些只有你官方網站才能提供的服務，例如「從官方網站購買可享一年保養」或「元祖款式產品只在官網有售」等，去強調自己官網的獨特性，並告訴客人只應該在官網購物的原因。另外，在官方網站的當眼處放置聯絡方法，例如大字寫明電話號碼、電郵地址甚至辦公室地址等，也能夠大大提高客人對於公司的安全感。對於公司在售後或聯絡方面都有信心，不如一般商城網店難以觸及。

作為有規模的公司，比起其他小品牌的最大優勝之處就是能夠讓客人安心下單，而且產品質素也有一定的保證。好好利用這兩大特性，就能夠為本已經營以久的品牌帶來新鮮感，使網店成為品牌的最強輔助工具！

Q05:
如何揀選開店平台？

網店營銷有很多不同的渠道，有些人會選擇大型賣物平台例如淘寶、亞馬遜；也有些會選擇只透過Facebook、Instagram等社交平台進行銷售。而做得成功的網店店主，絕大多數都擁有自己的專屬網店，像一個基地般，無論發放新消息、新產品發佈也於同一地方進行。至於想開展網店事業的你，應該如何選對的平台？選擇時應該看甚麼元素？本篇一次過為你拆解！

自家網店 VS. 網購市場
VS. 社交商務，該選哪個？

很多籌備開店的店家都會思前想後，猶豫應該開一間自家官方網店，還是在網購市集例如淘寶、亞馬遜等開個帳號

就賣產品，甚至只透過社交平台例如 Facebook、Instagram 等銷售。多種方式各有好處壞處，以下為你作一個簡單的比較圖表，讓你能快速比較各個開店模式的優劣。

各 類 網 店 平 台 比 較

自家網店	網購市集	社交平台
優 全屬自己的網頁，有全部控制權，較易建立品牌。	設定簡易，只需上傳貨品即可開業。	互動程度高，容易收集客人意見及了解顧客群眾。
擁有顧客資料庫，容易度身訂造產品或服務，亦便於進行客戶管理。	有充足市場人氣，流量及知名度，省卻行銷和集客成本。	受眾基礎大，能觸及大量社交平台使用者。
可自行定立優惠及推廣，不受限制。	便於管理，某些市集有專人回應問題。	使用者常使用社交平台，再行銷機會較多。
劣 需時間和人力，有時還要電腦技術設立網店，門檻較其他兩者稍高。	同類產品競爭者極多，銷售數字難有保證。	大部分社交平台未支援直接結帳付款，最終也需要官網作後援。
需花時間集客及建立品牌名氣，初期流量或會較少。	限制較多，彈性較少，包括行銷推廣在內的多種網店活動都未能自由控制。	未能直接儲存顧客資訊，客戶管理較困難。

　　另一個比較重要的考慮因素，在於店家是否希望長時間經營網店。如果你打算長期經營網店，甚至以此為主業的話，使用市集和社交平台在長遠來說問題就會慢慢浮現。例如，品牌開始有相當的客人基礎，沒有成熟的客戶管理系統或會員制度，就難以增大網店的經營規模，將營銷更推上一層樓。

多平台發展，交叉行銷

　　看到這裡，是不是覺得要選一個適合自己的平台很「頭痕」？其實不用想太多，選哪一個平台並不是非黑即白的。更多聰明的店家會同時在多個不同平台上開設自己的網店，並進行交叉行銷。例如，在網購市集放上自己的官方網頁的

連結，提示客人可以到官網取得最新優惠消息；在官方網站嵌入如Facebook的社交平台專頁，鼓勵初次來到網站的客人都去社交專頁打卡；在社交專頁上多貼品牌、公司的最新消息，多與客人互動並鼓勵他們在其他渠道消費等，全都是可行的行銷方式。

　　不過，編者還是建議，可行的話盡量開一個屬於自己的品牌網頁，以此為核心再開設其他平台的網店，但不要將網店經營限制於一個平台之上。以自家網頁作為基地，發展出其他經營平台，用盡各個平台的優勢吧！

Chapter 2:
準備開業

Q06: 我應該賣甚麼之 甚麼最好賣？

「我應該賣甚麼？」是一條無論開網店或實體店的人都會問的問題。然而，「賣甚麼」的決定，對於網店和實體店來說則有完全不同的考慮。沒有了地域和租金的限制為網店店主提供了更大彈性，競爭激烈以及流量問題則令店主要在經營方面考慮更多因素。

說到底，甚麼產品最好賣？我們發現，網上商店做得出色的店家，通常都售賣以下幾種產品。為何這些特別好賣？賣時又有甚麼要注意？以下作個簡單分析讓各位參考。

1. 服飾

　　根據 fintechnews.hk 在 2017 年 3 月的統計報告指出，服飾產品的受歡迎程度在云云網購產品中排行第三，有 31% 的消費都是買服飾。

　　網店賣時裝的最大好處是可以比起實體店賣得更便宜，競爭力更大。針對時裝是季節性產品，也比較「速食」，較低廉的價格能夠吸引客人安心買更多，引起「反正不是很貴，不如買多幾件」的心態。另外，從心理方面去想，不用在實體店內與其他客人瘋搶減價貨，不用被渴市的銷售員們追蹤狂問「有咩幫到你？」，可以慢慢選購、拼襯、格價的網店特性也令時裝業在網上百花齊放。

FUMBLE - 六人合作設計自家時裝
(https://www.fumble.com.hk/)

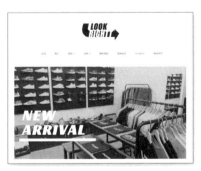

LOOKRIGHTT - 潮流鞋款和時裝代購
(https://www.lookrightt.com/)

有得必有失，網店賣時裝也有一定的隱憂要顧及。例如，即使加入了大量尺碼資訊讓客人好好量度，基於歐美、亞洲等的量度標準差異，時裝店也無法避免有客人因不合身或不合心而申請退貨，店家賣時裝時要有適當的心理和行動上的準備。另外，一旦到了熱賣季節要大量入貨時，也要好好考慮存貨的問題！

2. 食物

食物是另一個非常受網店店家歡迎的產品。上班族尤其需要零食作精神食糧，甚至會一次過大量入貨「囤積居奇」。提供貨運服務的網店自然是炙手可熱的零食售賣熱點。

透過網上賣食物，可以賣零食，也可以賣新鮮食材、食品，各自有市場。選擇賣零食時，可以考慮零食的獨特之處及賣點，例如外國進口，在香港無法找到；大量款式任揀，好比超級市場；價錢便宜，大量購入免運費等。至於新鮮食材或自家製食品，則較容易有屬於自己的目標市場，例如酒類、海鮮和蛋糕等。對於這類型店家來說，包裝好自己的產品形象，以鮮明的品牌打入消費者的心是最佳做法。

如果你打算透過網店賣食物，有一件必須要注意的事，就是牌照。尤其針對一些高危食物（如牛奶、奶類飲品、冰凍甜點、野味、肉類、家禽和蛋類）時，必需留意《公眾衞生及市政條例》（香港法例第132章）的附屬法例。另外，任何從事食物行業的人，也必須留意《食品安全條例》（第612

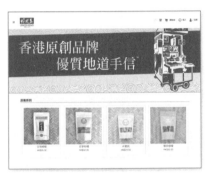

檸檬王 - 本地零食品牌
(https://www.lemonking.com.hk/)

入屋雜貨店 - 代購多款零食乾貨
(https://www.yuppie.hk/)

水果兄弟 - 專營果籃、新鮮水果
(https://www.fruitbro.com/)

章）的規定，登記成為食物進口商或分銷商。即使透過網上做生意，也要注意相關法例，切勿誤中法律的盲點！

3.配件及精品（手工製品）

很多店家會基於自己的個人興趣發展出一家售賣相關產品的網店。他們所提供的產品通常有一個共通點：為客人解決難題，而客人不會無故購買產品。

例如，客人通常在情人節、結婚、畢業時才需要買花；在節日活動、派對才需要汽球；在家中有床蝨時才要滅蟲產

iDebug-滅蟲用品專門店
(https://www.debugx100.com/)

品等。換句話說，對這類產品有興趣的客人，本來就有著該方面的需求，相對上，在行銷方面比起時裝和食品較不吃力，競爭市場也較小。

　　不過，這類別的產品會遇上一個關鍵性問題：淡季。基於產品屬於協助客人解決問題的性質，通常都不能夠在四季長期大賣，而遇上季節性銷售表現浮動不穩的問題。考慮到這個情況，店家可以多思考在淡季時如何將產品以組合式（福袋）售賣，或者利用促銷技巧，例如限時優惠、會員禮金、贈品和加購品等，使產品在淡季時也能維持銷售表現！

中西花店 - 花禮及不同場合適用的花束禮品
(https://www.anglochinese.com)

Q07:

我想賣物，貨源何來？如何入貨？自家製品還是轉售產品？

　　已經打算開網絡商店的店家，大部分都是因為正在經營其他業務，自然會知道自己的貨是從何來，做足準備才開店。反而，為了開設網店，之後再考慮如何進貨開賣的只是佔少數。不過，無論你是哪類型的店家，進貨也並非完全困難，好好了解有何種入貨選擇，你也能夠順利加入網店的大環境，成為成功網店店主！

降低成本 —— 批發

　　如果你已經雄心壯志，打算在網店世界大展拳腳，不妨直接聯絡一些大型的批發商。除了直接致電相關產品批發商之外，只要在 Google 簡單搜尋一下「批發網」，已經可以看見一大堆時裝、飾品的批發網頁。只要成為這些網頁的會員，就可以大量購入來自其網頁的產品。

　　他們有些是只負責海外送貨的附運網站，也有些只提供批發產品服務。哪一種也好，使用批發網也能夠大大降低原本以零售價錢入貨的不利，並降低了設定網店的初始成本。同時，透過批發網頁入貨，店家自己也省下了四出搜羅的時

間。一方面，批發網站對於產品已經做過初步篩選，提供批發的產品相信也不會太差（畢竟批發網也要顧及顧客）。而批發網頁為了爭取更多顧客，也通常會將多元化、不同種類的產品收錄在同一個網之中，讓店家不用再四出覓貨，在一個地點就能夠買滿需要的產品。

然而，批發網站也有相對的入貨門檻，總不能只入少量貨品做市場測試，一下子就要批量入貨，店家對自己的市場眼光要求頗高，否則就容易造成「坐貨」的局面。另外，由於貨品是經批發商買入，貨品相關的問題變相也拉長了一點處理時間。假如產品出現批量性瑕疵，就必須要先聯絡批發商，再經由他們代為聯絡廠家才可處理。而最後，店家亦應要記住，直接批量入貨，店家就要自行考慮貨存的問題，那時候牽涉的倉存金也成為了額外成本。

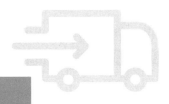

無需存貨 —— 直運

上段最尾提及到的存貨問題，在直運的世界就能夠順利解決。所謂直運，在供應鏈的世界稱作「Drop Shipping」。程序很簡單，店家收到客人的訂單，再通知直運網頁或聯繫廠家本身，在店家抽取佣金之後付款給廠家，並由廠方直接發貨給客人。

這種做法的最大好處全都來自「完全不用存貨」這一點。基於是由廠方直接出貨，店家根本不會接觸到貨品的實體，更不用說要考慮存貨的問題。而由於沒有存貨煩惱，店家也可以大量試放多種不同產品於網店測試市場，再逐步收窄可以集中火力的產品。不少賣家居雜貨的網店也是用這種方法，提供想不到的多款產品種類。對於初入門想以小本營運，而不知貨源何來的店家來說，使用直運的方法似乎是最易入手。

當然，直運也不是百利無一害，當中的缺點也和批發的優點相對。例如，如果你的產品非常多元化，可能需要聯絡多方廠家才能購入需要的貨品，使當中的溝通成本延長。另外，店主自己沒有接觸產品的機會，對於產品品質或實際情況認識不多，就要花更多精神和時間了解自家賣的產品了。同時，由於寄送貨品全由廠家處理，店家則較難追蹤貨件，使客戶服務方面要更花心思，尤其在出錯貨、貨品損壞的情況下。

地域差價 —— 靠自己

這種做法基本上不用特別多說。有很多網店店主之所以開網店，也全因為身邊有朋友身在外地，留意到本地與外地的商品有差價而進入市場。這種合作模式要依靠人脈關係，雖然不怕「有價無市」，卻要注意入貨方式的可持續性。由於不是透過批發方式入貨，而是賺取各地零售點的差價，一些

批發商的獨有優惠就失去了，例如交通成本、運費、運輸上的人力。所以，這種方式更適合季節性產品，例如限量版球鞋，而店家使用這種做法時也應該考慮多項其他入貨選項，避免單一透過朋友入貨，以降低經營成本劇增的風險。

最彈性的貨源，相信是來自自家製品。由於入貨只需要入原材料，產品可塑性很高，一塊布料不一定只能造一件衫，或者能同時製作手袋、銀包等其他產品，減低造成浪費或「坐貨」的機會。同時，原材料價格通常比零售用的製成品便宜，如在深水埗買入一疋大布可能只是十多元，已經能製成各種小精品，大大減低製作成本。然而，話雖材料價不高，成本卻轉移到製作過程之中。如果你是自家製品的店家，應做好「經營生意比起其他店家會更吃力」的心理準備，並在經營模式、控制成本等方面作出相應調整。

本篇文章只概述了不同類型店家的貨源選擇，當中與營運模式及其他概念千絲萬縷的關係，留在較後的篇章再與大家討論！

Q08:
如何尋找熱賣產品？
三大方法讓你知道市場
最流行甚麼！

「開網店」對於店主來說是一個沒統一定義的概念。有人是因為有一門手藝而自創品牌制作產品售賣、有人是因為人脈廣闊而開托代購之路。然而有更多人是單純不想做一世「打工仔」而勇敢創業。問題來了……一班有滿腔熱誠卻沒手藝、沒人脈的人，應該從何入手開始網店生意呢？今次分享幾大方法，教你如何採購最有機會大賣的產品，即使你完全是非主流的人，也可以抓住零售的大潮流！

1. 保持潮流觸覺 — 與 Google Trend 成為朋友

Google Trend 是 Google 用來統計世上各地熱門搜尋字眼的工具。除了有即日的熱門搜尋字眼數據之外，也可以根據你輸入的關鍵字去給予相應的搜尋量資訊、相關搜尋字眼等。例如，當我以「買」作為基礎去搜尋，可以在「Related queries」，即相關搜尋一欄中看到與「買」字相關的熱門搜尋，例如是 iPhone X、日本、韓國、自助餐及韓國零食等。

在這裡你就可以逐步篩選你想在網店售賣的產品，或者是其週邊，例如賣手提電話、電話保護套、日韓時裝、韓國零食、韓國即食麵等。

除了直接的流行關鍵字外，你也可以知道熱門的相關搜尋字

反過來說，如果你已經知道自己想賣甚麼，亦可以用 Google Trends 看看這些產品是否真的有機會大賣。例如在過去一年，「黑糖」的搜尋量由 25 分升至 50 多分，是一倍有多（分數以 100 分為最高）。在 7 月的首星期，更升至 100 分的高位水平，代表了搜尋者普遍對於黑糖產品有相當需求。如果要在網上售賣黑糖鮮奶等熱賣產品，或者是有一點難度的，店家則可以考慮會否售賣黑糖零食、小吃等相關產品配合潮流。

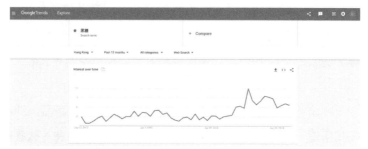

指定關鍵字或許會是季節性流行

2. 走在網絡最前端 — 追蹤潮流媒體

Google Trend 能夠提供比較實際的搜尋數據，但畢竟這些數字要在潮流發生了之後才收集得到，對於想早一步喝潮流的「頭啖湯」的店家來說，未必是首選。如果想在潮流殺到之前已經知道甚麼將會是熱門產品，可以透過以下兩種途徑吸收新產品資訊：

– KOL (Key Opinion Leader) / Influencer

KOL，網絡紅人除了能夠幫助大大小小的品牌去推廣產品之外，更能夠帶動某些產品成為潮流。最佳的例子就是美國網絡紅人 Casey Neistat。他經常於 YouTube 上傳自己的生活影片，當中大部分均涉及電子滑板 Boosted Board 及 DJI 的航拍機。雖然不能夠斷言 Casey Neistat 令這兩類型產品在市場上大賣，但憑藉過百萬訂閱人數的龐大 viewer base，無可否認能夠將產品的普及度大大提升。同一道理，透過觀察具影響力的網紅在推崇甚麼產品，就能大概了解到潮流現在 / 或將會紅甚麼。

– 網絡媒體

在社交平台上的網絡媒體對於消費環境有著非常大的影響力，只要是他們有推介過的產品，多數也能製造一些時期性的潮流。例如上面使用過的例子「黑糖」，自從台灣的黑糖飲品引起大量追捧，網媒爭相報導，在港新開業的黑糖飲品通通大排長龍。功勞未必全部歸於網媒，但他們有著引領潮流的力量，並將新產品帶到一般大眾眼前。如果以他們作為潮流指標，就不難發現有哪些產品正在大熱而值得在網店售賣。

3. 知己知彼 —
到商城平台看看熱賣產品

　　所謂「知己知彼，百戰百勝」，除了了解當下流行的搜尋字眼和追隨潮流媒體外，更實際的是到各式各樣的網絡商城中觀察最受歡迎、最受熱賣的產品。

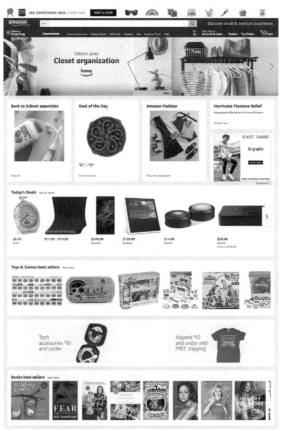

Amazon 的首頁已經有很多流行產品的提議

例如世界性的網絡商城 Amazon，在主頁除了有各類產品供選擇之外，也有由網頁自行挑選的當季推介產品。當中不乏「Back to School」、「是日精選」、「熱賣書籍」等推介產品，從各種價格範圍、產品種類、適用顧客類別等都有所不同，讓你在云云網上商店之中不用花太多時間搜索都能知道哪個分類的哪些產品是最熱賣。

憑藉這些資料，你就能最簡單快捷地知道當下最多消費者搜尋的產品是甚麼，從而想想自己能否以這些產品為基礎開設自己的網上生意了。

大原則是……

雖然以上幾種都是搜羅時下熱門產品的好方法，但我們總不能見風駛舵，每看見熱賣產品有所轉變就盲目追隨。畢竟，長久利用這種做法會失去品牌的個人風格，而且不是每一種熱賣產品都容易找到貨源，店家最終都無法單憑售賣網絡熱賣品而長期經營網店，適時的轉營是必須要的。

一些店家在開始時會先採取以量取勝的策略，轉售多種不同類型的熱賣產品，再從中發掘最有潛力和可持續性的產品。例如，以手提電話配件為中心，搜羅大量耳機、電話殼、充電線、充電器、電話座等產品，再營運網店一段時間，觀察哪一種產品是最受歡迎 / 最能熱賣，再鎖定熱賣貨品為網店的主力商品。

最重要的是要記住品牌必須維持自己的風格特色，不應該單純以大賣為原則去搜羅產品。希望以上方法幫到各位，更輕鬆容易找到適合自己網店的產品！

Q09:
我的產品
應該賣給誰？

對於「目標市場」的話題，很多新手店家都會有一個簡單的概念：我想賣甚麼就賣甚麼，誰來買我就賣給他！然而，產品在市場上的定位、目標客人的不同都會大大影響網店的未來發展。

簡單一個例子，同為時裝品牌的 Abercrombie & Fitch 和 G2000，兩者顯然有極為不同目標市場，觀乎在店內消費

的客人也予人很不同的感覺。所以，無論你賣甚麼產品也好，也應該先想想自己的目標客群是誰，才能夠針對性地為有不同需求和購物習慣的客人度身訂造一套適合的銷售方法，以達到預期的經營目標，這也就是訂立目標客群的重要性。

作為小小網店店主，如何能為自己訂立好目標市場？美國市場行銷學權威 Philip Kotler 就提出了一套名為「STP」的理論（Segmentation-Target-Position），至今仍有很多品牌及行銷人沿用。

Segmentation 分隔

STP 理論是層層深入的，首先由區隔開始。區隔大致分為四大因素 —— 地理區域（地域、氣候、發展程度等）；人口

Chapter

2

準
備
開
業

因素（年齡、性別、收入、家庭成員結構等）；心理因素（社會階級、生活方式、個人性格喜好等）和行為因素（使用情況、使用時間、產品忠誠度等）。

考慮的時候應該從「產品適合哪種市場」的思考模式入手。例如，你想賣手工皮銀包，款式及用料比較符合城市人還是相對較鄉郊的？產品設計較男性化還是女性化？款式較年輕還是成熟？產品屬於高檔次還是走向自家製品的個人風格？預計客人會使用多長時間？希望他們時常回購嗎？思考了這些問題之後，客戶的範圍基本上就收窄了很多，也讓你更清楚目標客群的特性。

Targeting 目標

經過初步的分隔，品牌網店原則上已經篩走了一大班較低機會成為顧客的人。換言之，店家現在可以更深入更精準地在一群符合目標客群條件的人之中，指向有更大機會購買你的產品的目標。例如，你可以將產品指向「18至25歲，居

住在城市的年輕男性，月收入約 $18,000至 $25,000，崇尚大自然生活風格，較喜歡環保生活的人」。

訂立這種目標不是隨隨便便的，當中也要考慮幾個因素：目標有明確特性，消費力、人口特徵都可以被量化；目標客人可持續發展，不會是一個已經在萎縮的目標客群；目標群要有穩定性，不會在短時間內出現大規模變動；目標是可以觸及，不是一班消費後就消失影蹤，或者從遠端購買而公司無法聯繫的人。

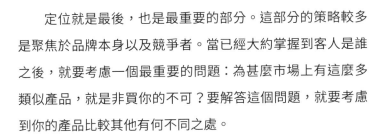

Positioning 定位

定位就是最後，也是最重要的部分。這部分的策略較多是聚焦於品牌本身以及競爭者。當已經大約掌握到客人是誰之後，就要考慮一個最重要的問題：為甚麼市場上有這麼多類似產品，就是非買你的不可？要解答這個問題，就要考慮到你的產品比較其他有何不同之處。

　　例如，手工銀包用再生物料製造，比其他產品更環保；可以讓客人自行印刷圖案／文字，自訂獨家銀包；提供永久售後服務，比起同業其他公司更有信心保證。以上種種都可以為你的品牌定位，並突出其異於競爭對手的地方。為自己品牌定位好之後，就可以全力進攻，發展及深化品牌形象，成為行業中具標誌性的品牌！

　　上述三大步驟被廣大品牌及行銷專員使用，到今天仍然是行銷法則之一。然而，打算建立個人品牌時，不應該單純依靠以上三步，也得做好市場調查，實際地走入目標客群之中，了解產品到底是否切合目標市場的需要。否則，就很容易出現市場錯配的問題。例如想走年輕時裝路線的品牌，卻吸引了一班成熟的客群來，就會嚴重影響品牌及公司的發展。所以，各位店家，在開店之前，仔細地計劃一下你的市場定位吧！

Q10: 出色產品照可以大大增加銷量！但……如何拍出好的產品照？

出色的產品照片可以大大提升你的品牌形象和銷售！但對於網店初哥來說，看見大量專業的產品照，會被嚇跑是不難理解的。以下是幾個拍攝產品照片的小貼士，讓即使是新手入門的你，都可以拍出讓消費者感動下單的產品照！

首先，必須先理解拍攝產品照片並沒有統一的方程式。對於不同店家、不同產品，甚至不同時期都會影響你的產品照。也有些店家會認為，拍攝產品照必先有一組超強的工具，例如相機、燈光、背景等，其實不然！即使你只是使用

手上的智能電話，其實也一樣可以拍出理想的產品照！撇開一些對拍攝的誤解和先入為主之後，就來看看拍攝貼士吧！

用背景突出產品

選對產品背景是拍出理想照片的第一步。通常，店家會選擇全純色或者真實環境下拍攝產品。如果兩者結合的話，則會有更理想的效果（記住網店可以放多張產品照）。如果選擇純色的話，不妨試試用一張淨色紙，將其屈成「L」型的放在牆邊（見圖），就能夠不使用電腦程式也呈現出純色效果！想更專業的話，網上也有很多可摺疊的燈箱，價錢不過$100上下，非常方便抵用。

一張白紙已經可以拍出純色產品照。（圖片來自鬍子科技學院）

假如你的產品在某些處境上有特別用途，例如行山用品、露營戶外產品，也可以拍攝產品使用時的實況照片。除了可以突出強調產品如何使用之外，也可以讓消費者有一種

網店品牌 OVERSPICE 的產品就同時有純色底以及實際使用的產品照片。

「貼地感」，並投射自己實際在使用該產品的情況。最重要是照片的背景和風格跟品牌的形象吻合，不會有太誇張的顏色或者無關痛癢的物件在照片上就好。

光線是可控的

拍攝照片時，光線是經常被忽視，卻是非常重要的環節之一。如果你在拍攝產品照時，發現拍來拍去也無法拍出合心意的，那就嘗試從光線方面著手調整吧！

拍攝的光線可以分為自然光和人造光兩種。自然光直接就指太陽光，人造光則包括自然光以外的，例如燈光、火光、蠟燭、電筒等發出的光線。選擇使用哪種光並無劃一的標準，不過當你選定了一種之後，就盡量將同一手法的光線運用於所有產品之上，以維持產品照片的統一性。以下是兩種光線的好處：

自然光 － 最大優點是成本低。不必購買昂貴的照明設備已經可以做得到。如果你的產品牽涉戶外使用的話，用自然光可以強調產品實際情況，產品拍出來也會看上去更自然。用自然光拍出來的產品照會減少商業感，如果產品價錢不高，並重視與使用者的連繫的話，自然光較適合。反過來說，自然光的品質取決於天氣以及日照時間，在一日之間，自然光的表現也不盡相同。如果要為大量產品拍攝照片，利用自然光時就要特別注意顏色及光線的一致性。

人造光 － 人造光線在使用和調校上均極具彈性。市面上一些可調控的LED燈甚至可以輸出多種顏色，配合產品的拍攝。使用人造光線的話，就能夠確保產品照片的一致性，而且不受天氣、時間所限，隨時隨地也可以拍出相同品質的產品照片。不過，人造光線比自然光的成本高出一大截，拍出來的照片也有可能會失真，使用時必先好好調節。人造光線比較適合一些需要強調細節的產品，例如電子零件。而由於人造光線器材比較大型，如果拍攝空間不足，就最好先比較一下不同的產品再決定。

構圖的重要性

對於攝影初學者來說，構圖相信是最抽象最難做得好的一範了。然而，如果構圖做得出色，就能夠省下你的人力物力去為產品寫詳細文案，因為產品照片本身就是一個故事了！

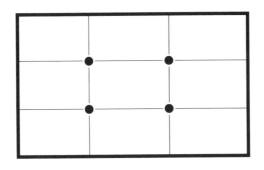

　　最簡單易明的構圖可以使用「三分法則」。所謂三分法則，即把畫面劃分成9個等分，成為一個「井」字，並在構圖時將整體畫面分成「上、中、下」或是「左、中、右」三等分。三分法則的原理，是顧客的目光總會自然落在圖片的三分之二處。將拍攝的產品放在這些位置，效果會比置於中心位置更好，更能抓住人們的目光。和閱讀的習慣一樣，人們瀏覽圖片的視覺會先由左向右移動，視線經過移動，最後的視點往往落在右側，所以在構圖時把主要物品、形象置於右邊，能收到更好的效果！

　　要讓照片懂說故事，就要考慮到照片的主題。仔細考慮希望一張相片的甚麼位置能夠抓住觀看者的目光，然後利用三分法則安排重點落在你指定的一點，讓眼睛有位「停泊」，並注視在相片中最有趣、最有意思的一、兩點上。最常用的技巧有淺景深 ─ 透過景深調節，讓相片重要位置以外的東西模糊，突出主題；以及配色 ─ 使用有強烈對比的顏色來突出相片中的主題。

別害怕「執相」

很多時候，我們單憑相機的Viewfinder（取景器）、或者智能手機的小屏幕，未必能夠判斷拍出來的相片是合格還是不合格。萬一輸入電腦後，才發現照片有瑕疵，是否代表要大費周章拿出攝影器材重拍呢？不是！「執相」就是你的最後武器！即使再偉大的攝影大師，也有機會在拍攝後作後製，而作為網店店主，就更加不應對「執相」採取避之則吉的態度。

在「盡量反映真實」的大前提下，即使要後製產品照，也不要過份地加入filter效果，或者加入太多邊框、花俏的貼紙等。後製的原則應該是針對照片有瑕疵的部分進行微調，並且以不影響照片真實感、不會與原照有太大分別的前提下進行。建議可以主力在亮度、白平衡、對比度、飽和度等方向進行修改。另外，如果產品照有在真實背景下拍攝，也可以考慮照片中對產品的突出是否足夠，並適量地加入模糊化背景的效果，營造人工的淺景深。

提起「執相」二字，不少人會直接聯想到要用Photoshop等專業軟件處理，其實不一定的。市面上有很多簡易使用的後製app，讓攝影者即使手執智能電話也可以輕鬆調整照片。例如VSCO、Snapseed等，都是簡單易用的好幫手。

Q11:

品牌代表我！
如何訂立我的品牌？

　　網店的品牌有著極為重要的代表性。除了能夠反映網店的形象，也背負著店主自身的形象以及整個品牌的風格。消費者會傾向購買與自己風格相近的產品，也就是說店主是甚麼人，也會吸引到同類型客人。

　　所以，建立個人品牌時，除了要從商業上考慮怎樣的品牌才吸引到消費者掏出銀包付錢，也要考慮品牌的形象怎樣才可以配合到你的風格。以下提及到的一些建議，請你千萬不要「抄」！因為只有融會貫通，妥善運用當中的元素，才可以創立到獨一無二的品牌！

唔怕生壞命，最怕改壞名

　　這是一句老土說話，但對於網店店主來說是極之重要。改店名時，多從幾個方面去想：品牌意念、品牌訊息、容易記等等。舉個例子，Pinterest 的名字看起來就像是「Pin-Interest」的合體，正符合「標記有興趣的東西」的原意；7-ELEVEN 品牌名字則是營業時間由 7am 到 11pm 的意思。另外，一個易記的名字也可以加深客人對於你品牌的印象，例如 Coca-Cola、IKEA 等就是好例子。

　　品牌命名大師 Alexandra Watkins 在品牌命名方法中提出「SMILE & SCRATCH」的測試方法去評價自己的名字改得好不好。當中提出盡量符合 SMILE 的原則，並避免 SCRATCH 的問題：

SMILE

Suggestive	引起正面的品牌體驗
Meaningful	客人理解品牌名字的意思
Imagery	能構成視覺上的聯想
Legs	具有主題性，並能夠延伸到其他產品
Emotional	能夠和客人有感情聯繫

SCRATCH

Spelling-challenged	貌似打錯字
Copycat	與競爭對手太相似
Restrictive	限制品牌未來發展
Annoying	意思太含蓄、牽強
Tame	意思太平淡、平鋪直敘
Curse of Knowledge	普通人難以明白
Hard-to-pronounce	難以發音

知易行難的「簡單就是美」

所謂簡單的美學，實在是很難做到的。在過去幾十年間，各大品牌不斷演進，也印證了簡潔設計成為大潮流。和品牌名字一樣，有些原則做到的話會令品牌大大加分。

首先，在品牌 logo 結構方面，愈簡單的設計會愈能夠令客人有深刻印象。大剔號代表 NIKE；百事可樂像一個太極符號分開紅藍色；蘋果公司就是一個大蘋果等等，都是非常容易記起，甚至容易畫出來。簡潔的品牌設計，除了強而有力地表達自己，背後通常也有一個共通理念：品牌的產品或服務，都是簡單、明確、直接。這種理念在近年來的科技公司更加明顯，因為他們都希望將感覺上很複雜的使用方式，透過簡單的 logo 去宣傳「我們很簡單」的印象。

　　如果你的品牌 logo 設計有一個小小的隱藏訊息（又稱「彩蛋」），看得懂的人會有一種會心微笑，也會對品牌留下更深印象，速遞公司 FedEx 就是很好的例子。品牌 logo 在 E 和 x 之間構成了一個向右指的箭頭，代表著「速度」和「精確」。

　　除了 FedEx，耳機品牌 Beats by Dr. Dre 也有有趣的隱藏訊息。乍看之下是一個簡單的大圓型，中間有一個「b」字。加一點幻想，紅色的圓型是我們的頭部，中間的白色「b」字代表品牌的耳機。

品牌風格，等於定義網店

　　正如前文所講，品牌的風格如何，就會吸引到同類型的顧客到來消費。同時，為品牌定立一個適合的風格，也可以提高其親和力。而品牌的風格可以從多方面入手，例如宣傳文字、產品照片、品牌顏色等。仔細思考你希望為品牌帶出何種感覺，就知道自己應該如何做了。

　　文字方面，如果品牌想帶出正面，快樂的形象，配以樂天的風格，可以多加入一些輕鬆及正面的形容詞。香港迪士

尼樂園就是好例子：在迪士尼樂園的介紹中，用上「快樂」、「歡樂」、「嶄新刺激」、「歡笑」使人產生愉快情感。

　　網頁的照片和顏色也有著重要的地位。例如名手錶牌子勞力士，透過全黑底的網頁帶出神秘感，而中間手錶搶佔了最耀眼的位置，透過深和淺色的對比突出產品的貴重感覺。有關產品照片的拍攝技巧，請參考本書另一篇關於產品照片的文章。

　　所以，品牌的設計絕不能馬虎，由標誌、名字、風格等全都要貫徹的配合。有關品牌設計的教學，用一整本書都說不完。我們建議各位店家多參考品牌設計的教科書，或者直接看看你欣賞的品牌，從中學習，設計一個屬於你的獨一無二品牌！

手錶品牌勞力士的網頁

Q12:
我有賣點嗎?

　　經營網店,店主自然希望自己的產品能夠大賣,賺個滿堂紅。而如果想要產品大賣,則需要從消費者角度出發,給消費者一個購買你產品的理由。當手上有產品的時候,很容易會墮入一個思考陷阱 — 我的產品特色就是我的網店賣點。

　　店家們就會開始想:我的產品夠不夠便宜?我的產品效能好用嗎?我的產品夠美麗嗎?然而,一個賣點(Unique Selling Point)可以有很多解釋,當中不一定只集中在產品本身。

好產品是當然的

　　雖說產品本身未必佔了賣點的全部，但肯定也有好一大部分。對於消費者來說，購買產品或多或少是出於一個單純的需求（Demand），而你的產品就是一個供應（Supply），作用是幫助解決消費者的一些問題。例如賣清潔用品讓消費者清潔家居、賣咖啡豆讓愛好者自行製作咖啡、或者賣耳機讓消費者享受音樂等。

　　以上所說的例子，在市場上都有極大量的競爭者，在賣同類型、甚至一模一樣的產品。在這種競爭環境中，除了惡性的減價戰，最重要的就是突出你的產品為何比別人的更優秀。以上面的例子，就即是強調「清潔用品比起對手能夠殺滅更多細菌」、「咖啡由巴西直送香醇濃厚」、「耳機音質好，層次分明」等。

憑藉更出色的產品，絕對能夠爭取消費者的心。所以，網店店主也定必要對自己的產品有信心，才能夠說服到消費者為你掏出銀包。故此，對於產品質素，店家絕不能說謊，必須要如實介紹，避免因為想售出更多件數的產品而作出不實陳述。

若產品相同，就強調服務吧！

如果你的品牌不是售賣自家製產品，而是代購或轉售產品（例如波鞋、時裝、家用品等），你所想到的產品優勝之處，同業的其他對手也絕對會想得到。這情況下，要如何能說服消費者買你的呢？給消費者一個理由，就從服務入手！

雖然是售賣一模一樣的產品，但增值服務就是你能夠額外提供的。例如，消費者購買後的保養服務有多久？要退換貨流程方便嗎？客戶服務回應迅速嗎？會提供使用教學嗎？這些全部都是可行的做法。對消費者來說，不同店家賣相同

的產品，要選的話就選價錢最低是理所當然的做法，但如果店家都被這種做法牽著走，就會跌進減價戰的無底深潭。

當額外服務成為你網店的賣點，就令你的產品也添上了附加價值，例如「即日送達」、「免費退換」、「贈送試用裝」等。消費者除了更放心在你的網店購物之外，也會慢慢對品牌建立忠誠度，甚至向身邊的朋友主動推介，告訴他們「如果要找某種產品，XXX店有教學的服務啊」的訊息。甚至乎，可能有些消費者是從另一些店家購買同樣產品，然後找你給予增值服務，請也不要吝嗇！因為這正是提高品牌價值的最大方法！當消費者發現你超級慷慨，而且分兩邊買產品很麻煩時，就會慢慢改為走到你的網店消費了！

若你是賣自家製品的，就強調你的故事吧！

如果你的產品在市場已經出現過同類型，而你打算用自家品牌打進市場，又覺得難以與大品牌競爭，那就強調你的

故事吧！在資訊爆炸和消費模式轉變的年代，愈來愈多消費者在購物時更重視品牌的故事和形象，多於單純的購買一件產品。既然有網上世界這個資訊自由的平台，就向所有人大肆分享你的故事吧！現在，很多創業者都會強調「80後銀行高層棄高薪厚職創業」、「國際企業高管隱世於離島小店開業」等，以自己的經歷作為故事放進品牌介紹中。

除了你個人的故事之外，也可以強調產品的故事。例如，店家可以多提及製作的過程有多複雜、程序有多嚴謹、產品是否秉承公平貿易原則、有機產品出自哪個農莊等。自家製產品則可以提及產品工藝是傳承自哪位師父、主理人學師多久才開店。這些都可以為你的產品帶來獨特性，提出與類似或相同產品的不同之處。而在消費者的眼中，買的就不再只是產品，而是產品背後支持的理念和主張。

隨著Z世代（即90至00後）成為主流消費力，購物也不再只講產品質素。他們愈來愈講求社會公義、原則和公平性，所以無論站在行銷角度還是道德上，將品牌的形象盡量塑造得正面也是百利而無一害的。

Q13: 我有客人了，應如何收款？

很多店主做網上生意的最大迷思，是如何可以向客人收款。其實在這廿一世紀，即使是線下消費亦已經逐漸走向無現金化，所以在線上付款也有很多不同的方法。

有研究報告指出，在美國，如果有網購客人到了結賬頁面，但最後選擇放棄完成結帳，70%是因為他們找不到適當的付款方式。作為一個店主，這可是最壞的情況！所以我們建議你盡量提供各種不同的付款方式，方便你的客人，也減低在結賬時才流失的客戶。

現在讓我們看看香港現今網購最流行的幾種付款方法。

 # 信用卡

根據香港金管局2017年的數據，香港人平均每人擁有2.6張信用卡，相信在世界也算數一數二！即使是筆者自己也擁有四五張不同的信用卡：一張是為了簽賬賺里數，一張是為了賺現金回贈，一張是餐廳消費有多倍積分，一張是海外消費有額外里數⋯⋯所以香港人用信用卡在網上消費已經是理所當然的事 (還可以賺取信用卡積分呢)！

那麼作為網店店主，我如何可以利用信用卡付款？以中小企或個人戶來說，在香港最容易就是登記一個PayPal或Stripe 的帳戶。申請方法相當簡單，只需要填好申請表及遞交你公司的 BR (公司戶) 或身份證 (個人戶)，短時間內就會批核；之後再把戶口串連到你的網上商店，就馬上可以開始收取信用卡付款，坊間最流行的 Visa、Master、American Express 都能收得到。

費用方面，兩間公司收取介乎3.4%至3.9%的交易費用，再加每一單港幣2.35元的固定費用。如果你每個月的交易金額達到指定金額，還可以申請交易費用的減免。收到的款項後，在 PayPal 只需要累積金額超過港幣一千元就可以免費將款項轉帳到你的登記銀行帳戶；而 Stripe 那方面你可以設定自動轉帳，它們系統就會每幾天自動將款項轉到你的登記銀行帳戶，不額外收費。

銀行轉帳

雖然很多顧客都會用信用卡來作網上交易，但是在香港用銀行轉帳的客人數目也是出奇地多。這有兩個主要原因：第一、有一些店主還是覺得那3%多的信用卡交易費用有點貴，所以他們情願鼓勵客人用銀行轉帳；第二、有一些較年青的客人可能仍未有穩定的工作，所以申請不了信用卡，那麼他們就只能用銀行轉帳來付款了。

一般來說，收取銀行轉帳的方法如下：
* 客人如常在你的網店結帳，並選擇以銀行轉帳付款；

* 結帳頁面和訂單確認電郵內會填上收款銀行的詳細資料，例如戶口號碼、銀行名稱、帳戶登記人名稱等等；

* 客人到櫃員機將款項轉入店主指定的銀行帳戶，並記緊列印入數紙；

* 客人將入數紙以電郵或 WhatsApp 上載給店主以作證明；

* 店主核對了收款後，才將客人訂購的貨品寄出。

看到這繁複的步驟，筆者自己就情願選擇收信用卡好了！當然作為一位店主，你需要衡量的是我要這樣核對入數紙的時間和功夫 (甚至可能要請一個人的人工) X 加上有出錯的機會和引致的成本 VS. 客戶使用信用卡所產生那大概 4%-5% 的費用，哪一個比較化算？

 PayPal

其實 PayPal 除了可以讓你收取信用卡付款外，它自己也是一個付款選項，所以有些客人可能會選擇用他們 PayPal 帳戶內的結餘來付款，尤其是 PayPal 比較流行的國家如美國、加拿大等等。如果你本身已經申請了一個 PayPal 帳戶來收信用卡付款，那它也可以直接收取 PayPal 的轉帳。

⛁ Pay Apple Pay & Google Pay

　　相信大部分蘋果手機的用家都已習慣使用手機內的 Apple Pay 來付款，其實就只要將你的信用卡結合在你的手機，簡化你的付款流程。如果你的網店可以收取Apple Pay 的話，客人付款時只需要用手機的指紋驗證，就可以馬上以信用卡付款，省卻填寫信用卡資料的麻煩動作。

　　至於 Android 手機的用戶，最近 Google 將之前的 Android Pay 和 Google Wallet 結合成 Google Pay，用家就可以像使用 Apple Pay 一般，一鍵式在網上以信用卡付款，也是十分方便。

 電子錢包

　　近一兩年到過內地旅行的朋友應該已見識過支付寶與微信支付在內地消費的威力。有人說現在內地連乞丐也接受這兩種「付款」模式呢！香港在電子支付方面，無疑相對地

發展得比較慢，但自從2016年金管局發出了多張儲值支付工具 (SVF) 牌照後，見到在香港的電子錢包已經漸漸出現百花齊放的感覺。用電子錢包付款，確實是比較方便直接，尤其是在手機上進行交易時。另外對店主而言，電子錢包的收費會比信用卡低，這也是讓他們使用的一大誘因。

現時來說，筆者未見任何一個電子錢包有絕對的優勢，所以在這裡將幾個在香港比較流行的電子錢包逐一介紹：

PayMe 及 PayMe for Business

由滙豐銀行推出的 PayMe 在短短推出兩年內就有過百萬活躍使用者，是香港市場上冒起得最快的電子錢包之一。PayMe 的最大優點在於能夠用任何銀行的信用卡或滙豐銀行戶口進行增值，而對方亦只要使用 PayMe 戶口就能夠收錢、付錢，成為夾錢食飯、買東西、去旅行時實現 cashless 無現金交易的電子錢包新貴。

而商用版 PayMe for Business 出現之後，更加在電子商務層面上為這電子錢包新星打了一枝強心針。開網店的店家能夠用 PayMe for Business 輕鬆收錢退錢，只要一個 QR Code 就能向客人收錢，甚至比現金付款或者信用卡更快。PayMe for Business 更內置數據介面，讓店家對於自己透過 PayMe for Business 所進行的收款退款狀況一目了然，將電子消費帶到另一層次。

轉數快 Faster Payment System

由政府金管局力推的轉數快 Faster Payment System 在 2018 年下旬同樣引起了電子支付界的關注。利用網上銀行 app 內新增轉數快功能，除了首次設定之外，其後就是痛痛使用了。一般人網上購物使用銀行轉帳，多數要到地鐵站或銀行分行排隊。作為消費者如果看到大排長龍的情況，多半會索性考慮棄單。

轉數快的出現，對於主力以銀行轉帳作收款方式的店家來說絕對是福音。轉數快的過數機制能夠做到即時完成，不必等截數時間的落差，而免除了入數紙對數的步驟也能夠加快店家確定收款的流程。更重要的，是轉數快主打跨行過數的便利性，尤其對於小本經營的網店，沒有申請信用卡收款的店家來說使用上就更輕鬆。

支付寶 & 微信支付

兩個來自內地的龍頭大哥都在努力搶佔香港的市場份額。除了各自開發了本地版錢包外，亦不斷推陳出新不同的優惠，務求不論是 P2P 轉賬或付款，都令大家習慣使用他們的錢包。以市場推廣的角度，無疑是有錢便能任性，所以他們跑出的機會確實不低，而且技術層面來說，它們算現時最成熟的電子錢包。

TNG、Tap & Go

兩間本地的參與者雖然沒有內地過江龍的財力，但也在有限的資源下努力開拓本地市場。TNG 剛推出時與759阿信屋一起派錢的活動大家可能還記憶猶新；到了今天他們的重點已轉為讓用家輕鬆地作不同貨幣的轉換。

至於 Tap & Go 在香港本地電訊龍頭的支持下，與不少大企業合作推出優惠活動，電子錢包內也包含了很多不同的功能，不過仍不算特別普及。

八達通 O! ePay

八達通作為本地無接觸支付的先鋒，在香港的流行程度不用多說；大家習慣了八達通拍卡「嘟」一聲的方便，要用家轉變使用習慣去用他們的電子錢包反而變得有點困難！不過除了 P2P 用戶間互相過數的 app 外，今年他們也推出了商業版，讓線上線下的店主都可以輕鬆地用他們的程式收到款項。

如果有一天八達通的 app 跟八達通的卡能完全融合，基本上他們就能把全港七百萬市民馬上都轉化成為他們電子錢包的用家！

Q14: 我收到款了，該如何寄送？

做網店跟實體店的最大分別，就是客人購物後，還需要將貨品送到他們的手上，這是一個不可忽略的成本。但反過來說，如果你將這成本轉嫁給你的客人，就變成了他們購物的額外「成本」，客人有機會因為這意外的成本而最後選擇放棄購買。所以以我們的經驗，我們是絕對建議店主應給予客人免運優惠。

當然，我們的意思不是跟你說買 $10 也好、$1,000 也好都劃一免運，蝕死你呀！通常的做法是客人買滿某個數目才會送他免運優惠。這一方面保障了你不會白白做了蝕本生意，另一方面如果客人購買的金額剛好未達到免運的最低要求，他們就有機會在你的網店多買一點以湊夠免運，這樣反而令你多做了一點生意！

直送家中？
還是送到辦公室？

當你在網店設定送貨選項時，很自然地會認為將貨品直接送到客人家中應該會是最貼心的安排吧！但事實上以我們統計，在香港只有大概五成多的客人是希望貨品直接送到家中，這是為什麼呢？

第一、香港人出名生活繁忙，生活指數又高，一個家庭很多時候夫妻二人都要出外工作。結果平日辦公時間家中就沒有人可以收取速遞，所以將貨品直接送到家不一定是最方便的選擇。而且香港最大的物流公司順豐速運他們有一個

（奇怪的）規矩，就是貨品送到工商區以外就要收取額外的附加費，所以假若將貨品送到家中，運費可能因此被雙倍計算。很多顧客因此就會選擇將貨品送到辦公室，又或者是屋企附近的一些服務站、便利店等等。

此外，過去一年也十分流行自助式取貨櫃，它們就好像一個特大的儲物櫃，有一格一格大小不同的貨格；顧客只需輸入物流公司發送的取貨密碼，就可以將貨品從貨格中拿取，十分方便，取貨也不受時間的限制。

其實除了順豐速運外，香港本地的郵政服務也是十分可靠。另外如果你要寄送的貨品是價值比較高的，也可以選擇一些價錢較貴但服務質素更好的速遞服務。

開網店的其中一個最大好處，就是除了可以將產品賣給本土的客人外，也能直銷國際。而當你遇上要寄件給海外客人時，根據他們的所在地，你應該選擇不同的物流公司。例如如果你的顧客身處內地，順豐速運仍然是其中一個最好的選擇。他們的網絡遍佈全國，不論是價錢、速度、通關等等都比較有優勢。

如果是要寄國外，不同的物流公司可能在不同地域都各有優勢，所以可以細心多加選擇。除此之外，客人對送貨速度的要求也會影響你選擇物流公司的決定。比如說客人願意付較高昂的物流費以換取最短時間內取得貨件，那你就應該選擇坊間的特快速運服務；但如果客人對於運送速度的要求比較低，其實即使是幾間全球性較大的速運服務公司，他們都有速度較慢、但運費較便宜的運送方法。通常這種做法他們是跟全球各國的郵政局合作，運用他們的網絡派送，雖然派送時間相對較慢但仍然是十分可靠。

另外，寄海外的時候也應特別留意當地對於入口貨品需不需要徵收關稅，有些國家可能是要寄件人付關稅，但有些地方可能是收件人取貨時付稅，各處鄉村各處例，寄貨之前最好先做一些資料搜集，或者直接向物流公司查詢，避免貨品因為稅務問題而被打回頭，到時候生意做不成還可能讓客人留下一個負評。

如何減低物流成本？

說了這麼多，很多店主其實最怕就是寄貨到海外時，物流公司收取的費用是海鮮價，隨時令運費方面得不償失！有沒有什麼方法，可以減低我的物流成本呢？當然有！

第一，有時候店主希望讓客人留下良好的印象而會把貨品包裝得十分精緻，不過物流公司計算運費時除了貨品的重量，也看

它的體積，我們叫做「材積體」。所以如果有些貨品雖然是很輕但十分大件，運費也可能會比想像中昂貴。如果想減低運費成本，有時可能就要犧牲一下，不要把貨品包裝得那麼靚；反而選擇善用空間，將送貨的盒子體積減少從而減低運費成本。

另外，一些做了海外生意一段時間的店主跟我們說，其實幾間大的國際物流公司都願意給長期客戶一個很優惠的價錢，可以是半價甚至更低！所以你可以嘗試跟這些公司的銷售員聯絡，如果你有穩定的訂單，即使數目不多也很可能拿到一個比較優惠的運費價格。

最後，如果你還是不太肯定哪一間物流公司的價格跟服務質素的性價比最高，其實坊間都有不少物流費用比較網站，只要輸入貨品的出發地、目的地和重量，它們就會為你列出不同物流公司不同送貨方式的速度、費用、評分等等，你甚至乎可以在這些網站直接下單 給物流公司、列印運貨單和召喚他們的收派員上門收件，十分方便。

最後要緊記的一點，就是選用能讓你貼身追蹤派送狀況的物流公司，儘快將追蹤碼告訴你的客人。除了能令客人安心知道寄送的情況外，不幸遇上寄失的時候，甚至是存心欺騙的假客人，也能根據貨物的追蹤狀況而適當地處理。

在電腦化的世代中，連寄送貨件都變成可以由電腦完成。一些網店店主做生意時的痛點，是使用順豐速運送貨時，要自己手抄運單再預約寄送。假如一日的單量有過百張，手抄寄送就變成非常麻煩及費時的手續。而人總有機會出錯，如果因為抄寫運單時寫錯名／地址，而延誤了送貨時間，甚至送錯貨的話，就會大大影響網店服務品質。

為了解決人手抄寫運單所衍生的各種問題，順豐速運與一些網店平台，例如 SHOPLINE 進行串接，提供自動化的送貨功能。相比起以往的人手抄寫單，順豐自動化串接可以讓運貨的相關資料例如收件人名稱、地址、電話等打印在電子運單上，只需要在後台按兩按、打印運單貼在貨件上，就可以輕鬆送貨。貨件送出之後，順豐的送貨狀態亦會與網店後台同步，讓店家與消費者雙方都能同時了解貨件去向，以最實時更新的方式提升客人的服務體驗。

而電腦化的寄件功能對於店主的最大好處，除了免卻抄寫之苦，更是大大提升了出貨的速度和準繩度。因抄寫錯誤所引致的送貨滯後已成過去，店主可以大大節省超過三成時間（根據店家提供資料）在處理出貨之中，能夠集中更多精力於做好生意上。

Q15:

紅色警報！有客人要退貨！
如何將退換貨轉危為機？

對於任何店家來說，無論線上線下的營銷，其中一大煩惱就是退貨／退款。當客人提出要退換時，直觀原因就是「客人對產品不滿」。表面上會令銷售數字下降，退貨率高也令銷售報表不好看。然而，懂得好好運用退貨，反而會令你的網店表現更出色！

首先，店家必須要撤除「退貨是終極大壞事」的心理障礙。退換貨的原因實在可以有太多，買回家後不喜歡；送禮給朋友他們卻已經擁有；產品有瑕疵；甚至沒有任何原因，

「我就是要退！」都可以是退換貨的原因。既然避免不了，我們先接受「退貨是零售業必會遇到的事實」這種思考，再想想如何運用這種事實為你的店舖帶來額外收穫！君不見大品牌如H&M有超級寬鬆的退換條款，仍然能大賣？當中秘密你就要繼續看下去！

退得愈多，買得愈多

　　這是一門很簡單的心理學。假設你的網店有超嚴格的退換貨條款，甚至是斬釘截鐵地說「貨物出門，恕不退換」，當客人未曾消費時，必然會三思而行，希望不要買錯產品，或者直接找一家提供退貨服務的店家購買相同產品。如果已經買了產品的客人要退卻摸門釘，更加可以肯定他們下次不會來找你買！（甚至會「唱衰」你的店）。

　　需知道網店購物時，客人未必能夠透過接觸實物去了解到產品的實況，因買錯貨而退的機會比起實體店高。倒過來說，網店較實體店難以觸及的性質也令退貨有一定難度，所以作為客人也不會輕率的作出退換貨決定。所以，為客

人提供便捷的退換服務，是絕對能夠提升他們的購物信心。客人安心在你的店購物，回購率機會就會增加，整體消費數字自然比起退貨數字高，對銷售來說也會是正增長！所以，與其壓低退換率，不如利用令人安心的退貨政策，讓客人愈買愈多！

愈大方的退，客人就愈不會退

當店家的退款期限愈拉愈長，客人就愈不會想退貨！這是一個匪夷所思卻千真萬確的消費行為！根據德洲大學達拉斯分校（University of Texas-Dallas）所做的研究顯示，雖然寬鬆的退貨條款會直接換來更多客人退貨，但長遠來說除了會增加店家銷售，退貨限期愈長，退貨率反而會愈低！雖然研究中並無指出明確原因，但當中的原因也不難推敲。

首先，如果客人購買了瑕疵品回家，若果發現瑕疵之後沒有直接退貨，客人多多少少會習慣產品上的瑕疵。如果瑕疵是屬於可以接受的範圍，退換產品的成本（時間成本，牽涉程序）就會比使用瑕疵品的成本高。簡單來說，客人對瑕疵品會「愈看愈順眼」，對於產品的不滿愈來愈少，就令客人愈來愈不想退了。

另一原因，在於人的惰性心態。上文也有提及，網店比起一般實體店退貨的過程繁瑣，可能要向店家溝通，也要安排送貨等。由於退貨期限夠寬鬆，客人就會開始有一種「太麻煩了，反正還有時間，下星期才算吧！」的拖延心態。隨著時間推移，除了能夠引發上述的「接受瑕疵品」心理，也會漸漸地讓客人忘記了要退貨，或者不知不覺地超過了明明已經很寬鬆的退貨期限。

了解退換原因，有助長線經營

上面提到延長退換期的方法雖然能減低退換率，卻沒有正面應對因產品本身帶來的退換問題。一般客人在購物之後會主動給予店家意見的情況不多，通常是1.) 因為產品太好、2.) 產品太差要投訴、3.) 回饋意見後加送禮券、4.) 需要填寫退貨原因。要將店家意見由 4 變成 1，就看店家如何利用退換貨條款。

請記住，客人要求退換貨，必然會有其背後的原因（即使無故退貨也可以是原因）。當他們提出請求時，記得向客人查詢原因！如果網頁上有退貨表格讓客人填寫，請務必加入「退貨

原因」一項，即使不一定是必填，也要讓客人有機會填寫自己退換的原因。

別認為會沒有人填寫，如果是因為產品出了問題或有瑕疵，不滿的客人一定會想讓你知道的。如果你的網店有使用對話視窗，更可以以即時溝通的方法跟客人聯絡。以實時真人回應的方式也可以提高客人對店家的信心和親切感。

了解退貨原因之後，就好好針對產品的問題作出改善吧！雖然未必所有客人退款換貨都是因為產品有問題，但如果能夠抓緊針對產品的意見而好好改善的話，下一次的客戶意見就是因為你產品太好而寫的！

請記住，退款換貨並不是洪水猛獸，而是助店家提升銷售的黃金機會。無論是多大的企業也會遇到退貨，倒不如好好策劃如何安排網店的退換政策，把握退款為你帶來的商機！

額外新知：Google 一向重視網絡使用者在購物時的安全，如果需要透過 Google 購物廣告進行行銷，就必須要在網頁內加入退貨、換貨的詳細資訊！

Chapter 3:
新手經營

Q16: 我的網店開業了！該如何宣傳出去？

透過網店平台建立一家網店並不難，設定付款、物流，找到貨源，並設計好網頁這些基本事項就可以開賣了。然而，通常店家遇到的問題是：如何讓更多客人認識我的品牌？如何為網店帶來流量，增加消費？那就牽涉到經營網店的重要課題之一——行銷（marketing）。

行銷的學問，市面上有不少著作及出版討論到，是門專業的學問。但對於日里萬機的網店店主，我們還是用最簡單的概念去介紹兩大種網店流量的來源：付費流量（Paid Traffic）和免費流量（Earned Traffic）。

付費流量 Paid Traffic

我們先從較傳統的一種說起。所謂付費流量，其實就是透過各種不同形式投放廣告所產生的流量。情況就像出海捉魚，廣告就像

漁網，魚就像你的客人。一個網投到海中，捉到多少魚就有多少。傳統的廣告方式例如報紙廣告、電視廣告、電台、電話行銷、交通工具平面廣告等帶來的都算是付費流量。

付費流量的特色，在於其流量通常是在極短時間之中產生出來。由於發放廣告的平台通常有大量的人流，例如每天乘交通工具的上班族、每天看電視的家庭成員們、每天看報紙的人們，使傳統廣告能一下子擊中大量受眾隨之產生大量付費流量。同時，由於廣告可以循環地展示，例如連續幾天的報紙廣告，或多時段的電視廣告，很多公司會密集式輪播以同一口號為中心的廣告，將想發放的訊息不斷重覆告訴客人，以達到加深印象的效果。

當然，網店店主想要帶來付費流量，最大門檻自然在於價錢。無論是印刷媒體上賣廣告還是電視廣告，都一定價值不菲，動輒以萬元起跳，對於小店來說未必是最划算的行銷選擇。另外，由於受眾太廣泛，付費的廣告難以收窄到只有你的目標受眾才看到。在絕大部份人都會看見你的廣告的情況下，到底有多少人會真正成為你的客人？當中的轉換率可能是少之有少。再者，尤其是使用傳統廣告方式行銷時，當客人來到你的店購物，也難以知道他們當中有多少是透過付費廣告而來，導致付費流量的成效較為難以評估。亦因以上限制，令可以自由調控廣告費，以及輕易追蹤成效的網絡廣告盛行，成為網店店主的新貴。

能產生付費流量的方式包括：

傳單

電視／電台廣告

平面廣告例如報紙、交通工具

電郵廣告

電話直銷

網絡廣告（Google Ads, Facebook Ads, Instagram Ads
或其他廣告平台）

免費流量 Earned Traffic

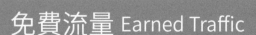

　　與付費流量相反，自然是免費流量（Earned Traffic）。在網絡行銷的年代，相比起「打魚式」的下廣告，透過利用有內涵的內容作魚餌，去吸引魚（即客人）自己游到網中的方法更為長遠而有效。在網絡的浩瀚大海之中，網民已經有權選擇看甚麼內容，而網民亦很容易分辨出甚麼是廣告內容而甚麼不是，更令「Content is King」的行銷方式變成主流。免費賺取的流量可從多種行銷方式而來，包括部落格、影片、社交媒體等，漸漸為更多店家所使用。

　　而何謂「有內涵的內容」？店家方面，最簡單的做法就是寫部落格。假設你是售賣酒類產品的店家，可以多撰寫文章去介紹相關而非直銷的內容，例如酒的產地介紹、如何分辨酒的質素、餐酒禮儀、酒的發展歷史等具趣味性資訊。除了本來就已經有買酒需求的人以外，以內容作行銷的核心也可以吸引到一班本來只對酒產地有興趣的人，讓他們加深對你品牌的認識。

另外，你也可以透過社交媒體舉辦活動，例如抽獎或有獎問答遊戲。呼籲參加者標記（Tag）幾位朋友，吸引對你的獎品有或品牌有興趣的人再宣傳給相關朋友認識，也是非常有用的方法。同時，店家可以做好網頁的內容，以及適量投放網絡廣告，盡量在客戶需要某方面的解決方案或某產品時見到你就最好。

免費流量的一大價值，在於是客人主動看過內容，覺得吸引才自己走過來了解更多品牌及產品。即是代表他們是對品牌來說精準的客群，而且相對付費流量中的潛在客戶有更高的購買機會。而由於免費流量來自網上渠道，多數都能夠追蹤到他們是從何而來，更能夠讓店主著力於最具行銷效能的渠道，加強推廣。當然，由於免費的渠道門檻低，你的競爭對手也在做同樣的事去引流，所以內容的質素，就成了行銷方式的關鍵。

能產生免費流量的方式包括：
搜尋引擎最佳化（SEO）
社交媒體（Facebook, Instagram 等）
網誌
電子報（具資訊性的電子郵件）
網上影片

兩者兼備方為上策

說到底，兩種流量對網店店主同樣重要。如果想在行銷方面取得最大成效，建議付費、免費的行銷都一起做。利用吸引的內容將客人帶到網站，同時透過社交媒體令客人更多參與品牌相關的互動，再利用大型廣告開發未知的客戶群領域，就是最理想的引流做法了。

Q17:
我想用社交平台行銷，
應該如何做？

上回提過集客式和推廣式行銷的分別，本篇集中討論以集客式為核心的社交平台行銷的做法。社交平台例如Facebook和Instagram，本來已經有超大流量，網店店主要花心機的，反而是如何抓住網絡上難以估計的流量。

先撇開如何能在競爭對手之間突圍而出，成為社交平台上行銷力最強的品牌，店主更應該顧及到如何利用社交平台和網店兩者並重，創造一個屬於你品牌的完整網上購物圈。

Facebook 行銷王國

社交平台中，以 Facebook 和 Instagram 最大，自然也是兵家必爭之地。然而，有太多的店家對 Facebook 愛理不理，banner 照片起格不清、聯絡資訊沒寫清楚、沒有超連結回到官方網站等，都是低級失誤白白讓流量流走。

所以，如果你想做得好 Facebook 行銷，先不要「未學行先學走」，簡單做好基本步，例如設定好個人頭像、填寫好商店簡介、地址、電話等聯絡資訊，已經能讓你的品牌在客人中留下正面印象。

另外，我們亦建議在 Facebook 持續推出貼文，以不斷強調自己品牌的存在。在 Facebook 競爭愈來愈大，演算法不斷推陳的年代，不斷貼文是維持活躍度的一大重要行為。另一方面，也可以擴大自己在各組關鍵字下的版圖，當使用者在 Facebook 搜尋不同關鍵字的時候也會看到你的存在。

你可能會問：根本不可能有那麼多題材天天寫新帖文，怎辦？店主可以為自己訂立一個目標，例如是天天寫？隔天寫？一週三至四篇？訂下帖文的頻繁度目標之後，你就可以

作出多方面嘗試，例如，可以貼一些帶有呼籲性質宣傳產品的文章，也可以轉載新聞、轉載自己網店的部落格文章等。

如果真的遇上「題材荒」，你也可以考慮告訴客人一些有關品牌的小故事、趣聞，或者拍攝一些實體店（如有）的實況照片。總之，只要能夠維持不斷更新，就已經比起大部分店家都出色！

Instagram
照片的遊樂園

Instagram 和 Facebook 的最大分別，在於 Instagram 更著重利用圖片來說故事。直至 2018 年，Instagram 還是以圖片和影片為主，社交元素也比 Facebook 高。基於此特性，Instagram 對於很多店家來說是個 showroom 展覽廳，讓所有人都能夠簡單看見產品照片，更吸引客人購買的意慾！

和 Facebook 一樣，Instagram 同樣要靠維持上傳習慣去保持新鮮感。然而，由於 Instagram 上照片的顯示方式是以三張照片為一列，上而下排列，可塑性更高。例如，

本地時裝品牌FUMBLE，利用Instagram的排版製作精美的6格 / 9格組合圖。每張單獨的照片只顯示原圖的一部份，當6 / 9格圖全部貼出之後，就變成了一張大型而具強力視覺效果的照片。這樣做能夠明確標示出該系列的照片的與別不同之處，也可以提高整個產品系列的視覺體驗。要注意的是，當上載完組合圖片，其後每張單獨上傳的照片都會影響組合的排列。如要維持整個Instgagram頁面的一致性，最佳做法是一次過上傳三張照片。

自家時裝品牌 FUMBLE 就巧妙運用了 Instagram 的排列模式，在新系列產品推出時加強宣傳，透過影像說故事。

新興起的社交行銷

　　除了 Facebook 和 Instagram，愈來愈多社交平台的冒起，使行銷的方向更多變。YouTube、Twitter、LINE 甚至新興的通訊軟件 Telegram 等都能夠做到行銷的作用。

　　YouTube 行銷的最大好處，在於以影片格式為主，能夠與客人和大眾有更多互動。觀眾看見想購買的產品的動態，自然比起靜態的圖片或文字來得更有真實感，視覺體驗也更理想。另外，有些產品類型使用影片會更適合。

　　以化妝品為例，觀眾通常會較想看到使用前和使用後，從不同角度上的效果。動態的影片則較能夠反映事實的全部。一些需要有教學才會使用的產品也適合透過影片進行宣傳。例如要經過詳細安裝步驟才能啟用的電器，使用 YouTube 發放影片自然較容易能讓使用者明白。

即使是即時通訊軟件，例如LINE和Telegram，現在都新加入了一些聊天機器人的功能，玩法更是多姿多采。你可以設定以問答遊戲贏獎品的行銷計劃，也可以向你的客戶發送最新的品牌消息、優惠代碼等。而最基本的原則是不要限制自己只用一個社交平台，正所謂多勞多得，勤力一點在各個社交平台深耕細作，就能夠慢慢見到效果。

（BONUS Point：無論是Facebook還是Instagram，好好利用Hashtag標籤與產品相關的關鍵字，讓客人更容易搜尋到你吧！）

Q18:
「甚麼是 SEO？」上集
On-site SEO

　　每一位對寫網頁有經驗的朋友，SEO這三個字絕對不會陌生。SEO全寫是「Search Engine Optimization」，即搜尋引擎最佳化，意指透過改善及調整網站，提高網頁在搜尋結果的自然排名。有關SEO的資訊，在網上實在多如恆河沙數，甚至要出書的話也可以寫太多本。這邊就簡單介紹一下整個概念，以及作為網店店主能夠如何在搜尋引擎表現上做得更好。

On-site SEO

即是在站內的設定，可以指全網站或者分頁內頁的設定。

內容：

微軟創辦人Bill Gates早在1996年提出「Content is King」，20年多年後的今天仍然是SEO的關鍵考慮之一。撰寫高質素的內容，是絕對能夠將網頁推到理想位置的。試想想，Google（或其他搜尋引擎）的最終目標是為搜尋者提供適當答案，內容愈豐富、質素愈高，對Google來說自然是「加分位」。

關鍵字：

你的行業有甚麼關鍵字？顧客在搜尋引擎會輸入甚麼來找你？這些關鍵字會相連去甚麼其他字眼？將這些字眼適量地（而非泛濫地）加入網頁，例如品牌介紹、產品內頁、網誌文章等部分。

新鮮感：

不是指你的內容是否很有趣味，而是你能否保持一定的更新頻率。時常撰寫新文章、或者保持定期更新（例如一週兩篇）也可以提高 Google 對網頁內容的評分。甚至，你可以重寫一些已經過時的文章，來保持內容的新鮮度。

直接答案：

Google 搜尋器隨時間推移變得愈來愈聰明，搜尋一些教學、定義或資訊時，未必需要按進網頁已經有答案。嘗試撰寫簡潔有力的內容，讓 Google 更易讀取，將你的網頁放在搜尋結果首項。

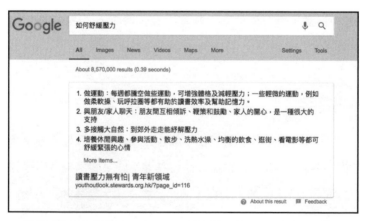

搜尋「如何舒緩壓力」時，不用按進首個結果都有相關答案。

網頁結構

網頁結構的重要性在於讓搜尋引擎能夠清楚分晰你的網頁並給予評分。除了是整體網頁的結構,也包含分頁內的結構。

HTML:

主要留意Title Tag和Meta Description。前者相等於報紙頭條,後者則像是新聞的首段撮要。站在搜尋者的角度,思考他們看到搜尋結果的何種文字較吸引,再為頁面加入適當的title和description吧!

樹狀結構:

確保你的網頁內的分頁互相之間有適當的連結,不會由A頁走到B頁之後無法回到其他頁面,讓Google能更清晰地了解網頁的組成結構。

網頁表現：

　　網頁的使用體驗也佔了 On-site SEO 的一大部分。你的網頁是否在手提電話版本都能正常顯示？你的網頁 loading 時間是否夠快？在手提電話成為主要網頁使用工具的年代，好好顧及流動設備體驗絕對能提升 SEO 表現！

EXTRA：

　　Google 研發的 PageSpeed 就是用來測試網頁速度的工具

Q19:

「甚麼是 SEO？」下集
Off-site SEO

Off-site SEO

相比起 On-site SEO，Off-Site 即是於網頁以外的 SEO 因素。這方面，作為網主能夠做的控制相對較少，但當然也是不能忽視的。

社交分享

社交平台的活動離開了網頁本身，卻是最容易受影響的 Off-site SEO 元素。理想情況是有其他人分享你的網店資訊，或者在社交帖子上提及你的網址。這是代表我開過百逾千個假帳號就行嗎？

絕對不是！搜尋引擎對於社交分享的指標一大重要元素是分享的質素，所以，在網紅（KOL／Influencer）行銷盛行的年代，如果你能找到網絡紅人分享你的網店，是百利而無一害的，因為他們本身就很有份量，是高質素的社交平台使用者，也可以為你帶來額外的支持者。

當然，說分享數字不重要就是假的，在不要造假的大前提下，盡量提高網店的分享數目，讓搜尋引擎提高對你的網頁的認可吧！說到社交行銷，你可以考慮試試透過送禮、遊戲方式呼籲觀眾分享你的網頁到自己的社交專頁，或者盡力創作高水準的內容吧！

外部連結

和社交分享同樣，外部連結也是非常重要的。愈多第三方的連結連回主網頁，就代表你的網頁愈有權威和公信力。例如，你曾經寫過一篇很出色的文章有關「如何製作手工皂」，驚為天人並引來大量網站、網上討論區引用，你就會得到大量外部連結跑回你的網頁。這種情況下，當搜尋引擎使用者找「手工皂」相關的資訊時，就更有機會找到你的網頁了。

要注意的是，外部連結和社交一樣，很重視外連的質素。聰明的店家看到這裡會立即明白到，自己建立大量空白網頁寫外連、或者開設大量「打手」帳號在各大討論區貼文的方法就無法達到理想效果了。反過來說，嘗試創作優質的內容，讓其他有權威的網站提及到你，才是最事半功倍的做法。

信任程度

　　搜尋引擎會透過多種因素判斷你的網頁是否值得信賴。當中包括的元素很多，例如網址的權威性，即網民對你的網址的認知程度（可使用此網站為你的網頁評分：http://www.seoreviewtools.com/website-authority-checker/）。另外，也要注意網址的年齡，如果網頁已經存在了很長時間，對 SEO 的評分是有幫助的，所以如果你早已開設網頁，就盡量不要更改網址，而如果你正準備開店，也要想清楚網址，在日後盡量避免更改！

　　網頁的彈出率（Bounce Rate）也是一大重要元素。如果使用者在進入你的網站之後完全不停留就跳出了，會對你的網頁 SEO 帶來負面影響。要改善 Bounce Rate 的問題，你可以從網頁處理時間、內容、圖片等著手，嘗試去留住網頁的訪客。如果做足以上動作仍然未能改善 Bounce Rate 的情況，就可能要轉換戰場，審視一下你的網絡廣告是否有誤導成分了。

為何你需要做好SEO?

說到尾，我們為何要如此重視SEO？網絡行銷有很多不同範疇，很多店家會選擇投放大量廣告金去推動品牌知名度。然而，網絡廣告始終是屬於較「燒錢」的方式，難以長期運行。相對地，如果是透過提高網頁的自然搜尋表現去達到行銷目標，網頁的基礎必然會打得更穩，即使在廣告效能不佳的情況下，也不會對行銷效果帶來很大的影響。

所以作為店主的你，記得努力做好SEO，不要只靠廣告而忽略自然流量！

EXTRA:

SEO是透過最佳化網頁而來的搜尋引擎自然排名結果，如果你想了解更多SEO教學、資訊，在Google搜尋「SEO」，最上方的自然搜尋結果就是SEO做得最好的網站了！

Q20:
「老土」變「時興」！
如何令電郵行銷不再沉悶？

　　電郵行銷自互聯網流行以來已經出現，可說是比起眾多數碼行銷都來得更早的「始祖」。同時，亦因為電郵經過多年的「歷練」，早已令很多人對此感到煩厭，總覺得一天到晚都收到公司的宣傳郵件很纏人，甚至早將這些電郵設定為垃圾郵件永不閱讀。那麼，為何到今時今日，電郵行銷仍然是網絡行銷的核心部分之一？因為大部份行銷人員都未能掌握電郵行銷術。懂得做電郵行銷的話，這種工具是你網店的強大行銷利器！

用獨家資訊扣住人心

電郵行銷的發送對象多數是曾經與你的網頁有互動的人，例如是購買過產品的人、主動訂閱電子報的人、參與過品牌活動的人等。這些人的行動已經令他們成為你網店客人資料庫的一部分，某程度上比起經由投放廣告而來的人有更高忠誠度。而對他們而言，收到由你公司發出的電郵時，更希望收到一些獨家資訊，或者從一般渠道取不到的優惠。

也正是這個原因，很多大型企業都會透過行銷性質的電郵發送會員獨家的優惠資訊，例如限時獨家折扣，或者憑電郵到門市即送贈品等。正如一開始所說，客人每天收到無數的行銷電郵，如果沒有特別的資訊或有價值的東西，就容易令他們失去信心，導致取消訂閱。提供獨家優惠或獨有資訊的電郵能夠讓客人保持新鮮感，甚至會期待下一次電郵的來臨。減少發送價值低或者四處能找到的恆常更新資訊，利用珍貴而高價值的資訊留住忠誠的客人們吧！

電郵是自由的畫布，
也是行銷人爭艷鬥麗的戰場

雖說所有網上行銷的渠道都講求創意，但電郵行銷更特別之處，在於其方式好比一張白畫布「任你畫」，比起一般社交平台行銷，或者付費網絡廣告等有框架的行銷渠道更具彈性。坊間很多電郵行銷軟件，例如 MailChimp、ConvertKit、GetResponse 等，都提供一些常用的電郵範本，或者讓寄件者自行透過 HTML 碼編寫電郵，自由發揮，讓品牌能夠設計出愈來愈具創意、吸引眼球的電郵。

客人一天收數十至數百封電郵，如何能夠在電郵的擂台上脫穎而出，在云云電郵之中鎖住客人的目光？以下是幾個小貼士：

1. 先聲奪人

以有趣味或有爆炸性的文字作電郵標題，讓客人更想按進去看，例如：「這是你最後一次取得優惠的機會了」。

2. 排版簡潔

　　電郵相當於以電子方式派發傳單，不應是遍佈文字的報紙。多思考如何以板塊及大橫額清晰地將不同的資訊分隔開，減省不必要的文字，讓客人以最短時間了解到整份電郵的中心訊息。

3. 圖文並茂

　　很多店家以為圖片一定比起文字吸引，但在電郵之中，圖文同時出現功效更大！適當的使用圖片輔助文字，清楚地解釋及介紹新資訊，比起純粹圖片來得更有內涵。

如果對於排版苦無頭粹，就試試跟著模版去砌圖吧！

絕不濫發，
每個電郵都有跡可尋

　　雖說電郵是幅大畫布，但發電郵卻不是胡亂來。絕大部分的電郵軟件都有數據追蹤系統，多少人、誰人、在甚麼時間按過電郵中的 Call-to-Action（行動呼籲）按扭、超連結等全部都有數據記錄。每次發電郵之後，都記住要進行數據評估，讓你每一次的行銷電郵質素都能夠有所提升。以下是幾項你可以參考的數據：

1. 開啟比率

　　電郵收件者有多少人開啟過郵件？跟過往數據比較是上升還是下跌？需要以此為依歸調整內容嗎？

2. 點擊率

　　電郵中的連結和按鍵有多少人點按過？哪類型的連結或按鍵特別多人點擊？他們通常安排在電郵的哪些位置？

3. 開啟時間

　　對於不同品牌及產品來說，電郵收件人開啟電郵的時間也有所不同。比較一下收件者開啟電郵的時間，看看甚麼時候有最高的開啟率，集中在那時段寄出吧！

　　所以說，電郵的作用不單是定期做的例行行銷方式。如果能有策略地發電郵，絕對能夠吸引更多人長期訂閱以及與品牌進行更多互動，提高轉換率！

EXTRA：

　　有些品牌為了避免電郵排版走位問題，會將所有文字輸出成為圖片貼於電郵上。然而，有些電郵軟件會阻擋圖片直接顯示，並視之為垃圾郵件。所以，圖文並茂是最適合的做法！

Q21: 網店有「爆客」該如何處理？轉危為機四步曲！

　　無論是零售業、服務業、餐飲業，只要你的行業有提供銷售、服務等，就有機會遇上「爆客」，即投訴的客人。面對投訴，很多店家會無所適從。一方面不想得失客人，連帶未來銷售也受影響；另一方面，亦不希望抱著「顧客永遠是對的」的態度處理投訴，打擊自己團隊的士氣。然而，客人的投訴終歸要處理得宜，尤其在今日社交平台流行的年代，投訴處理不善，客人大可以到處散播品牌的問題，品牌危機就一觸即發。

然而，化危為機並非不可能，甚至只需要簡單四步，就可以讓本來是「爆客」的投訴店家成為你的潛在客人！現在一步步來學習，成為傑出的公關專家吧！

第一步：
主動接受

聆聽是打開對話框的第一步。面對客人的投訴，你可以先有一個前設：客人全部都是帶著憤怒來投訴的。然後就必須要有禮貌、有誠意地回應。千萬不要抱著「客人很多都是來抓麻煩，借投訴來尋折扣」的心態，冷淡面對他們。

無論客人的投訴是有根有據，還是無理取鬧，作為店家都要主動接受。有誠意的傾聽客人的投訴，甚至不時作出適當的認同。例如當客人說「你們的貨品品質超差！一送到就爛了！」作為客戶服務同事你可以說「不是吧！？真的嗎？我立即幫你看看！」

或者那未必真的是很嚴重的問題，純粹是客人發洩不好的心情。但如果你仍然能保持專業態度，主動回應問題並嘗試提供協助，而不是拒客人於門外或者直接就說愛莫能助，客人會感覺到客戶服務同事是站於自己的一邊，不會擺出高高在上的姿態。對於客人的情緒會先有一個放緩的作用，令他們盡快冷靜下來。

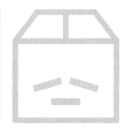

第二步：誠懇道歉

請別誤會，誠懇道歉並不代表「客人永遠是對的」，不是要求店家即使明知客人是無理取鬧，還要低聲下氣說「對不起，我錯了」。試想想，如果客人對你的貨品、服務不滿意而回來投訴，實際上他們已經對店方築起了一道牆，抱著敵意回來找個說法。這種情況下，如果店家還擺出「我沒錯我不會道歉」的姿態，只會令事情愈搞愈僵。

首先成為道歉的一方，就能立即打破這道厚厚的牆，然後開啟雙方的對話大門。假設店家已經理解了客人面對的問題以及投訴的核心，無論你心中已經有無數解決辦法或者想

解釋給客人知道實際情況，還是先說一句「抱歉讓你感到不舒服」或「抱歉讓你有不快的體驗」吧。一句簡單的說話就能讓客人放下憤怒並開始聽你的方案。

　　如果道歉幾個字對你來說是極大的尊嚴上侮辱，試著這樣想：無論產品有多好，服務有多優秀，都總會遇上投訴的客人。這並不是誰是誰非的問題，而是客人的期望與你的貨品或服務有落差。他們或者是在要求五星級酒店的貼心服務，或者買名錶的產品質素。抱歉實在未能解決期望落差的問題，要客人你失望了！

第三步：解決問題

　　很多店家以為，道了歉就是事情的結束，客人就會滿意。然而，不落實去解決客人投訴的事項，對改善客戶關係於事無補。站在客人的角度想，其實他們想要的絕不是無聊投訴發洩，而是確確實實的解決問題！

假如客人發現產品有品質問題，要求換貨或退款，身為店家就應該好好調查，並了解產品是否有問題，然後給客人安排退換。如果你發現貨品真的完全沒品質問題，而是客人方面比較挑剔，也請不要吝嗇，豪爽地給他換一次貨吧！只要一件貨品的成本就能換到客人信任，甚至令他們回頭再買，最大得益者絕對是你！

更加貼心的做法，是提供額外解決方法。假如客人在你的店購買了一雙鞋子，覺得太「刮腳」而想退款。你可以嘗試向他們提出「不如我送你一對熱賣的護腳襪子試試看？」除了反映出你有細心思考過問題的解決辦法外，對於客人來說，有贈品也是樂之不拒的。

第四步：跟進到底

更出色的店家，會在解決問題之後再進一步，而這一步也是在客人心目中大大加分的關鍵。假如已經為客人做了換

貨或退款之後，店家可以主動出擊，與客人聯絡，查詢新的貨品到達了沒有，或者退款金額到數了沒有。

　　換了新貨品之後，也可以主動問客人新的貨品品質是否如預期一樣理想，並且再次感謝他的支持。為了感謝客人對於產品提出了意見而繼續支持你品牌的產品，你也可以發送一些優惠券或代碼給投訴過的客人，鼓勵他們再次購物，或者邀請他們登記成為會員，在日後享受更多優惠。

　　如果客人對於整體的服務（包括處理投訴的手法）是滿意的，店家別忘記邀請他們在社交媒體或其他平台留言給予意見！需知道現今世代網上力量的強大，尤其對於網店經營環境來說，網上風評就是品牌口碑，贏得掌聲直接等於贏得訂單！

　　小心做好以上四步曲，就能夠好好將本來在投訴的客人轉化為你的商機！處理「爆客」四步曲一步不能少！

Q22:
如何讓我的網店
做到口耳相傳？

　　做過零售業的朋友或多或少明白「推銷」的難處：客人第一次進店，與你素未謀面，而你作為銷售方的代表，難免有點難以打破隔膜而展開銷售的歷程。比起相信銷售員的說話，客人確實對於身邊朋友的用後感比較有信心，這是難以避免的。而在網上做零售也同樣，要讓未買過產品的客人都有信心，就要靠網上的產品評價，即口耳相傳提升客人對品牌的信心。

加拿大數碼工具平台公司Vendasta所做過的調查顯示，92% 客戶會看使用者評分，63% 客人會在設有用戶評分的產品網頁購物，而 88% 消費者則會拿用戶心聲作參考再下購物決定。這種種數字都反應出，用戶評分成為了網絡商店購物行為的重要一環。

顧客評分的作用

最重要的作用當然就是集客，也是店家們最想見到的。由於很多消費者都會依賴第三者的評分作出購買行動，如果你的產品有普遍正面的評語，自然為其他潛在客戶帶來信心，提高他們的購買意慾。另外，如果客人購買了產品而覺得滿意的話，在下次需要消費時也會先想起你的品牌，令回購機會提高。

再者，讓客人留言可以予人一種「品牌開放接受意見」的觀感。哪管你的目的只是想客人看其他人的正面評價，只要開放溝通和意見回饋的渠道，就更能「爭取民心」。

　　除了對外，客戶評分對公司內部也非常有用。看評分時除了看星星夠不夠多，也要看客戶的真實留言。假設你沒有請「打手」去拉高評分，也沒有被仇家們請「打手」惡言相向，客人的評語就能夠協助你改善產品和服務。

　　另外，品牌亦可以觀察一下，當有客人留下負面評語時，會否有另一些客人加入並替品牌平反？這樣的行為反映出客人對品牌有很高的忠誠度，一方面代表他們的回購率會很高，二來也能透過他們建立堅固的客人基礎。

如何爭取更多人留言評分？

　　至於，作為店家的你可以如何讓更多客人留下評分呢？方法簡單得你想也想不到：

1.) 在網站上開設「用戶評分」於每件產品下；

2.) 給購買了產品的客人發送售後電郵，鼓勵留下評分；

3.) 提供額外獎賞給客戶，例如在評分後會自動參與有獎比賽；

4.) 如有實體店，可在實體店內鼓勵客人評分並送出試用裝產品作回贈；

5.) 將「撰寫評語」的按鍵盡量放得明顯一點；

6.) 省卻毫無作用的問題，縮短問卷時間或者加快評分過程。

很簡單吧？基本上可以說，只要你的網頁有提供評分的地方，購買過的顧客就自然會評分。畢竟主導權是在消費者手中，如果他們可以在購買後說說話給個評分，是樂此不疲的事。而最「極端」的評分收集方式，就是用超強的客戶服務或超高產品質素去吸引客人自動自覺說「我超想要給你一個五星！」在香港，Apple Store 就有著這樣的威力。

筆者身邊不只一次聽到有朋友在 Apple Store 購物之後，問我「你知道如何可以給予評分嗎？他們的服務好得難以置信！」朝著這目標進發，成為網絡界的 Apple Store 吧！

評分只能在網店上做？

雖然客戶評分是非常關鍵，但不代表做評分的渠道只有網店站內本身。除了網頁之外，你也可以透過「Google 我的商家」，在搜尋結果頁面和地圖上顯示客戶評論的選項，讓客人透過 Google 的強大平台留言，使更多潛在消費者看見。另外，在 Facebook 上同樣，只要有一個 Facebook 專頁，在設定上開啟評論的功能，訪客就能夠對你的專頁（即代表品牌／公司）作出評分。

雖然Google和Facebook的評論對於消費者來說更有信心，但無論以上哪一種評分，都是無法由你個人刪去的，所以那可算是破釜沉舟的做法，必須要將產品和服務做到最好，爭取在這兩個平台上的高評分表現！

　　說到尾，多少評分、多好的評語都是建基於網店的產品質素和服務上，所以還是以產品先決，再用評分點綴，完成整個理想的網店購物體驗吧！

Chapter 4:
穩健成長

Q23:

如何走過淡季？
銷售六式四季通用
助你爆數！

除非你的產品能夠一年 365 天紅爆網絡，否則即使再強勢的網店店家，也會經歷所謂「網店寒冬」，亦即淡季時間。以下這六招，教大家如何在淡季時仍能保持高水準銷售表現！

第一式：產品價格形象化！

價錢是一組數字，是客觀的事實。如果店家能夠將價錢形象化（尤其產品賣得較貴的店家），並加入產品描述之中，將令你有意想不到的銷售成效！

例子1：你售賣的是蜂皇漿丸，$300／60粒。一些消費者會有「花$300買一樽藥丸，值得嗎？」的問題。你可以將其形容為「每日只花 $5，即可為健康加分！」或者「每天買一支水？不如每天一粒蜂皇漿丸！」來得更吸引。

例子2：你售賣的是平價即食麵，$5 一包。為了突顯產品有多便宜，你可以形容為「$100 的日本拉麵已經足夠買 20 包即食麵，這星期不用再花錢買飯吃了！」讓消費者們感到產品的價值。

第二式：福袋（組合式銷售）

季節性消費的一大特色，在於客人都喜歡購買有節日特色，或者跟日常「定番」商品有所不同的產品。如果你的店一直維持恆常的產品販售，或者根本不是購物季節，你又可以如何做呢？很簡單，將產品以組合式銷售，簡單來說即是福袋。這種做法好處多多，而且四季通用。以下是一些簡單例子：

1. 帶動不相關／冷門產品組合銷售

你的男性時裝網店主要賣鞋子，冷帽一直是銷量較低的。用「由頭到腳全保護組合包」，將兩種較難的產品連起來，能夠帶動冷門產品的銷售。

2. 重新定義驚喜

　　如果你的商店售賣沒有季節性的產品，例如健康食品全年都不會有太大變化，你可以選擇將某些產品組合起來售賣，並賦予一些特殊意義：「新年健康充電組合 ─ 維他命丸＋魚干油組合包」。

3. 用法環保，長用長有

　　所謂「福袋」，只是農曆新年的組合售賣用詞，只要換個名字，無論是聖誕節、情人節、復活節，甚至清明節和佛誕也可以！

　　組合式產品除了可以提高客人的新鮮感和提高產品價值，能帶動非主要產品銷售，是強大的銷售招式！

第三式：定義何謂熱門

　　「熱門貨品」的頁面經常出現在不同店家的網店當中，但你有沒有想過，所謂的「熱門」是如何定義？沒錯，根本就任你說！一些較老實的店家確是會將最多人買的產品放在熱門頁，但實際上你可以將任何產品（只要是你想變成熱賣）放

進你的熱門產品頁。這樣做可以帶動一些銷售比較低的產品有更好銷量表現，亦可以將整體產品的銷售平均化。

心水清的你看到這裡可能也會明白，既然可以將任何產品變成熱門，也可以將「熱門產品」頁改成其他名字。你可以用「季節特搜」、「新年熱選」、「期間推介」等字眼將產品價值提高。和福袋的組合式銷售相比，定義熱門商品可以讓你對產品有更大的控制權，不用以 A+B 的方式組合銷售，散裝售賣也能做到同一個效果。

第四式：超終極倒數

既然是季節限定售賣，即是說產品或組合有時限性，會在某一時間之後消失。這樣的話，何不直接將這消息想法告訴消費者？你可以在官方網頁上加入一個超巨型的倒數器，並告訴消費者你的優惠活動何時完結。同時配合節日倒數的氣氛，是一石二鳥的做法！

例子：新年特別優惠大倒數！優惠截至年三十晚！還有……3天18小時34分鐘24秒

除此之外，倒數亦可以讓消費者進入緊急的心理狀態，讓他們了解到一閃即逝，不買就會丟失良機。這種手法比較常見於一些有座位限制的報名講座或 webinar 上，不過懂得善用這一招於網店，也可以為你帶來意想不到的收穫！

第五式：無限上銷（Upsell）

為了推高銷售數字，有很多店家會不惜工本打減價戰，或者提供接近成本價甚至蝕錢的折扣賣產品。這樣做能夠提升銷量，卻忽視了營利收入，是殺雞取卵不化算的做法。一些聰明的網站，則會利用到大量的「上行銷售」手法，加入大量細微的優惠細節，反而能夠有效同時提升銷售和銷量！將你的小優惠散落在網頁不同的地方，累積起來或者不用高額折扣就能達到高銷售成績！

例子：全店 9 折優惠 -> 客人選好了產品結帳 -> 顯示「買滿 $500 免運費」優惠 -> 客人選滿 $500 後提供「成為會員額外享全單 9 折」-> 客人成為會員，9 折後全單不足 $500，再次選購其他產品 -> 正式結帳後，提供會員優惠碼，讓消費者向朋友宣傳網頁並使用優惠代碼。

我肯定，這種上銷手法是絕對有用的！因為小編就是其中一位進入過整個上銷流程的消費者……

第六式：為網店化妝！

最後一式是最簡單卻有很多店家忽視的 — 適時為網店進行小／大翻新！你以為即使翻新了網頁也不會有人知道嗎？那你知道原來回頭客的轉換率比新客多出一倍嗎？不需要大費周章，只要簡單的調一下主 banner 的顏色和設計、整個網店的文字或主題背景等，已經能夠給客人小新鮮之感，並大大提高他們的消費意慾！

定時更換主要宣傳圖片和字句，可以讓消費者感覺品牌更「貼地」，不會一年到晚 365 日都用同一個主題，予人冷淡而無活力的感覺。

各位店家，做好準備，用新的行銷技巧和設計，衝破淡季的死胡同，一洗冷淡銷售活動的頹氣吧！

Q24:

高價商品想點賣？
再貴都可以賣得好
三大心得分享

平價商品容易售出，因為顧客都喜歡執平貨。但如果是高價商品，你要怎麼賣？想貴價商品在眾多競爭者中殺出一條路，除了減價外還有其他更好的辦法。以下我們就來分析，如何在保持商品原先價格的情況下，也能賣得好的方法。

顧客如何評估產品價值？從 CP 值入手

我們常常說，買東西看 CP (Cost-Performance Ratio) 值，什麼叫做 CP 值高？在購物時所謂的 CP 值，指的是我們評估商品的質素與價錢之間的關係。也可以說，當商品高品質卻低價錢時，會讓人覺得物超所值，也就是所謂的 CP 值高。

這個主觀意識的建立，會源自於我們生活中接觸到的「資訊」，透過這些資訊會得到一個我們對商品與價錢之間的公式。當出現類似商品時，我們就會用這些公式來判斷，到底值不值得購買。下面是一個簡單的例子：

有一款新上市的護膚精華，標榜抗皺改善細紋，售價 3,800 元。過了三個月後，同公司又出了一款護膚精華，標榜抗皺改善細紋外，還可以美白，售價 4,200 元。有趣的是，許多人都會選擇後出的這款精華液。

新產品出現時，店家為產品釐定了抗皺改善細紋護膚精華 = 3,800 元這一概念，而第二款產品推出時價格是 4,200 元，造成「只需多付 400 元就能有額外美白功能」的理解。

有效抗皺　　　　抗皺+美白

$ 3,800　　　　$ 4,200

　　而這例子可以被應用在所有商品上，你生活中每一次的購買和比較價格，都會受到某些商品所產生的「資訊」影響，所以在看到標價時會自動產生，這個很便宜，這個這樣會買貴等的解讀。

　　而貴的商品之所以可以賣出也是一樣的道理。這些商品在消費者眼中，「資訊」告訴他們值得用高價來換取，那他們便會快樂的購買而不嫌價錢貴。

不要用低價定義你的商品

　　因價錢低而購買產品的顧客很難留得住，因為市場永遠有更便宜的商品。或者，當顧客因為貴就不購買時，亦可能代表對產品的需要未及產品的價錢。

A品牌　　　　B品牌

$ 3,800　　　$ 4,000

C品牌　　　　D品牌

$ 3,750　　　$ 1,800

　　這不代表商品便宜等於質素差，而低價銷售也是很可靠的銷售策略之一。重點是不要讓商品有一種停留於低價值的觀感，即是指不要用比大眾認定的更低的價格來刺激購買。例如大家普遍認為 68 元可以買到一件蛋糕，店家卻推廣用 28 元就可以買到。

　　例如是 D 品牌一開始就走低價策略吸引顧客，當過了一段時間想調整價錢到正常水平或是再提高時，顧客往往不願意花費更多，與上面的原因相同：你已經為自己的產品賦予了價值資訊。

　　概念了解過後，要如何用小技巧去實踐？以下立即教你！

開始賣高價商品！如何讓顧客買單的 3 大秘訣

一：了解賣點並放到最大

在我們了解顧客「怎麼想」之後，你的商品有哪些特色能完全符合顧客的需求，便要放大這部分加以宣傳。如果要賣一組牙刷架，產品描述若只寫到，讓你的牙刷不亂跑。這確實強調了商品的特性，但卻還不夠：

漱口杯
優選材質
健康環保

免釘安裝
免釘免鑽
不傷牆面

擠牙膏器
操作便利
安全實用

瀝水槽孔
避免積水
孳生細菌

多杯排列
多杯放置
懂你所需

拆卸便利
簡易拆裝
清洗便利

牙刷架
分開收納
健康衛生

凹槽置物
節省空間
物盡其用

這款牙刷架，他把所有我們在使用牙刷架時會遇到的情況都強調出來，水留在容器底部造成細菌的困擾、拿錯家人的漱口杯、底部的污垢難以清潔等等，將可能遇到的狀況，轉成優點來描寫。

二：引出顧客的需求

什麼才是真正的需求？人常常會因為對一個物品或一件事有先入為主的「喜愛」，因為太喜歡而能夠將想要催化成需要。我們要做的，就是臨門一腳催眠他：「你真的需要這個產品。」聽起來很抽象嗎？我們來看 SK-II 的例子。

這幾週我持續使用青春露，我感覺皮膚明顯改善

#BareSkinProject: Chloe Moretz (克蘿伊摩蕾茲)的無底妝裸肌上鏡挑戰 | SK-II 青春露

SK-II 透過一個簡單的廣告，一個故事，點出並放大了女性對「自然」的追求。這幾年流行的都是追求自然裸妝，表現了女性心中對「自然和自我」的追求。他便用這樣一個裸妝挑戰的影片，來強化並表現出：即使不化妝，素顏也能展現美麗與自信。

而這訊息轉化到顧客的腦中，就形成了一條公式：我如果也想像影片的女生一樣，素顏也能這麼美，我只需要 SK-II 精華 就可以做到。這廣告成功引起女性的共鳴，連帶提升了銷量。

你可以利用影片或是文字，利用一段故事，或是給消費者的信，讓消費者感受到，你真的懂他們。當引起共鳴時，你就成功了。

三：把貴的原因展示出來

回到商品本身。高價本身與高品質是正相關的，品質好的東西不會便宜到哪裡去。而消費者也很清楚這一點，你需要做的，就是誠實並清楚的展現商品的品質，因為品質好，所以值得你用高價購買。

總結

　　我們常陷入東西太貴客人就會跑掉的迷思，但其實大多數的人都願意花錢出來買更貴的東西，店家要做的就只是給予他們一個理由。了解客戶的需要，了解產品的價值和定位，自然也能更輕鬆地將高單價的商品推薦給顧客，輕鬆提高店家銷售業績。

Q25:
還是覺得網店有些地方做得不好？深呼吸一口氣，看看對手是如何做！

當網店營運了一段時間，銷售、流量增長幅度放緩後，一些敏感的店家會警覺到網店的發展到達了樽頸位、平台期，並難有進一步突破。而這種感覺亦是對店家的一個警示：是時候作出改變了。改變可以是多方面的，從網店設計、銷售漏斗、購物體驗、客戶服務以致產品本身，也可以納入考慮的因素。

思考網店大翻新時，最直接的切入點就是留意競爭對手的網站。至於對手的網站有甚麼好看呢？以下是一些值得參考的元素。

促銷活動

　　除非你的產品是超級熱門可以賣足一年 365 日，否則年中總會有些旺季和淡季，令你想以促銷活動去提升銷售或者盡快散貨的。促銷形式可以有很多，除了直接減價之外，也可以有加購品（促進散貨）、會員折扣（擴大會員數）、購物金（鼓勵回頭客消費）、贈品（提升顧客忠誠度）等的方法。視乎你的行銷目的，審視應該使用哪一種方式吧！

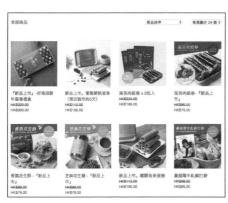

SHOPLINE店家海邊走走使用直接減價的方法促銷。

Hello Bear! 則採用減價和特價加購商品的策略。

SHOPLINE 店家入屋雜貨店，就利用大橫幅呼籲訪客登記會員和讚好 Facebook 去取得優惠券，鼓勵店家留下聯絡資料，可作再行銷。

Call-to-Action（行動呼籲）

網店主頁是個很好的展覽場，讓你的客人能夠選購適合自己的產品。不過，也有些店家會主動出擊，利用字句、橫額甚至彈出式訊息（Pop-up message）去呼籲網站訪客作出相應行動，例如登記電郵成為會員、購買某些特價產品之類。

關鍵字

了解行業內最炙手可熱的搜尋關鍵字，以及對手將錢用於投放哪些關鍵字之中。關鍵字行銷可以是自然的（Search Engine Optimization）或廣告形式的。你可以多搜尋和自己行業相關的字眼，觀察哪些網頁跑到搜尋結果的頂點，就知

道哪些是你應該開始注意的「陣地」了。你可以在網站的分頁、產品介紹、關於商店或部落格等地適量加入相關的關鍵字，讓Google更容易在云云網頁之中找到你，並將你提升到搜尋結果更高的位置。

　　如果你真的毫無頭緒，亦可以到Google Trends或Google Keywords Planner看看現在的熱話，給你多一點靈感。

搜尋「滅蝨粉」時，無論文字廣告、購物廣告，自然結果甚至商店資訊都是SHOPLINE店家滅蝨百科為首。

　　值得注意的是，在觀察別人網頁的時候，也不要只停留在同業的資料搜集中。多看看其他類型的網頁，或者也可以在各方面給你帶來新靈感。做網店不再是閉門造車了！去主動看看，並學習競爭對手的優點吧！

Q26:
促銷實戰篇：
一文助你成為捆綁
銷售玩家！

　　捆綁銷售，是現在許多店家不論是電商，或是店家的老闆們都喜歡使用的促銷方法。這招不僅可以帶動濟銷貨品，還可以增加收入。然而，並不是每一間店在實施這種促銷手法時都會成功，因為當中運用了顧客的消費心理。如果只是一味將商品擺在一起賣而缺少策略，可能就掉進了促銷的陷阱：賤價賣出卻回不了本。

為什麼要點套餐而不是單點？捆綁背後的消費心理

你是否有這樣的經驗，到餐廳吃飯時習慣點套餐而非單點？通常我們的直覺思考很簡單：因為單點比套餐更貴，所以點套餐。我們現在就來剖析這個很直覺的思考。

單點比較貴：顧客價值感知

所謂的顧客感知價值，就是當消費者感覺到，他得到東西的價值，超越了他應付的金額時，他便會購買商品。CP值高（Cost-Performance Ratio）也是一個很好的例子，因為覺得商品的實用性大大的超越了價格，所以購買。

以外出吃牛肉飯為例：你是為了牛肉飯而出門吃飯而不是為了配菜，但當看到配菜時，就會有一種「加很少錢就得到額外產品」的心理。額外產品價值高於實際付出，自然就會覺得是一個值得付出的價錢。

很少人會去思考為什麼牛肉飯中本來沒有配菜，所以在制定捆綁銷售時，首要做的事情就是先找出你的商品當中，誰是牛肉飯誰是配菜。

買到想要且值得的： 顧客消費心理

對顧客來說，他們會對不同商品產生一個自定的「價值」，這價值會因人而異。而賣家需要去熟悉這些主要消費者心中的「價值」，捆綁銷售才會發揮作用。

並不是每件商品對顧客來說都具有很高的價值，這也是為什麼商品會有所謂的人氣熱銷和滯銷，那些具有高價值的商品，顧客會願意花錢購買，即使你不做促銷活動也沒關係，但對滯銷商品來說，綑綁卻不是個治本的辦法。

舉一個簡單的例子，顧客心中對 A 產品的價值約在 300 元，實際銷售價格約 200 元。而顧客心中對 B 產品的價值只有 30 元，商品售價約 80 元。今天店家促銷，將商品 A 和 B 綑綁銷售，定價 250 元。

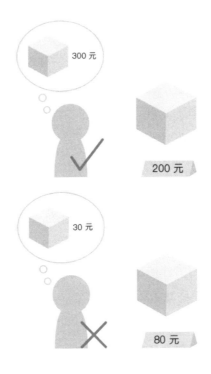

　　顧客在這種狀況時並不會購買組合包。除了他們本身不需要 B 產品之外,組合價的金額也高過他們心中對 A+B 的感知價值。當綑綁的售價高過感知價值時,顧客便不會購買,就算和暢銷商品綑綁也一樣。

　　只有對商品的感知價值高於實際需要支付的價格時,顧客心中才會產生划算的念頭,願意進一步消費。制定捆綁商品時,你要做的是盡可能提高顧客在看到這項商品時的感知價值,並將售價定得低於這個感知價值。

哪些商品適合捆綁？
該怎麼捆綁？

當你想要利用熱銷帶動滯銷商品時，你必須給顧客一個購買組合包的理由。捆綁彼此互補或是可以搭配使用的產品，可以讓你的組合包被購買的機率大增。例如鞋店的加價購商品經常會是防髒噴霧、襪子等小物。

你也可以反覆測試哪些商品的組合效益最大，便經常性地推出組合，讓這組合成為一項新的，獲利的商品，而不單只是促銷而已。

綑綁商品的 3 個小技巧

當你找到適合湊成一組的商品，並找到顧客心中對這組商品的感知價格時，你就可以推出你的促銷活動了。現在我們提供更具體的技巧：

技巧一：利用組合來告訴顧客該怎麼使用

綑綁的其中一個好處是，顧客會認知道這些商品可以一起使用（如果你按照互相搭配的準則來綑綁）。當你有新商品時，他們會知道應該怎麼使用，以及可以和誰搭配使用，來拓展顧客在你店裡購買的商品種類。

技巧二：強調組合更便宜

少有顧客會真正去計算促銷時的價格和原價差多少，並在商品恢復原價時回到商店來比價。你可以強調組合比原價省多少，來刺激喜歡特價、物超所值的人們。

技巧三：為綑綁商品開一個新的頁面

在網上商店中，你可以開啟一個新的分類或頁面，將組合商品放在一起，吸引顧客點擊你的商品。另外你也可以給這些組合包設定一些條件，例如會員專屬、或是期間限定，增加新意也刺激購買氣氛。

綑綁銷售實戰範例

　　毛起來洗將商品分成狗和貓，各別設計了優惠套裝。他們將針對同一情境的商品做成套餐，並給予一個相當清楚的商品名字，例如癢癢退散洗護組、喵口回春潔牙組等，除了利用有趣的名稱吸引目光外，將例如洗澡、刷牙所需的商品打包成一組，對主人來說不必一個一個點選就能一次買到所需商品。

點入商品內頁後，還可以看到加購商品區，同樣是利用了顧客想要一次性購物的心理，提供優惠的價格與高相關性的商品，吸引顧客將更多的商品放入購物車。

結論

　　綑綁銷售是促銷中一種很有效的方式，不管是實體或是網絡商店都可以使用。現在零售的市場已經相當飽和，要打敗競爭者則必須出更多新招，綑綁可以兼具推動滯銷貨、推銷新品、測試顧客喜好商品、創造新商品等多種優點。

　　謹記綑綁的小技巧與掌握顧客心理，便能呈現出你的商品比別人更便宜且更有價值，有效的提升營業額。

Q27:
做網店不要「盲中中」！
你知道自己網頁的表現嗎？——
Google Analytics 數據分析

有做過實體店舖的朋友都會明白，取得客人意見回饋是令公司進步的極重要一環。然而，在看不見客人真面目的網店世界，我們要如何做才能取得客人的資訊？如何做才可以擺脫在黑暗中經營網店的問題？相信對於網絡營銷、數碼行銷稍有認識的人，都會聽過 Google Analytics（GA）的大名。這個由 Google 研發的工具就是你最好的客戶資訊收集站！

Google Analytics 是 Google 的一個網站流量統計工具，而流量的種類有很多，沒有相當經驗的人，未必完全了解每一項數據的意思，或者有那項數據才與自己的網店經營有關。以下幾項，是網店店主比較值得留意的數據資訊，懂得運用這些數據，對於品牌未來的策略制訂以及行銷方向有很大幫助！

目標對象

所謂目標對象，即是上過你的網站的是甚麼人。當中包含的資訊是年齡、性別、興趣、教育程度、所在地、婚姻狀況等非常個人的資訊。很多店家出於「八卦」而對這些資訊很感興趣，但其實他們大有用途！例如，你可以比較一下你的目標客群和到訪你的網頁的客群是否相符合，你的行銷計劃要否因應不同年齡層的人作出調整，以及網頁設計或文案要否根據訪客興趣而更改等。

舉個例，你所賣的是嬰兒服裝產品，一般來說訪客應該是已婚的父母（特別是主婦），年紀約 25 至 40 歲，對於網頁使用有一定的知識及教育程度的人。然而，如果你透過 Google Analytics 看見一些奇怪的數據，例如主力是年輕男性，知識水平普遍較低的單身人士，你就要考慮一下網頁上是哪些資訊將這類型的訪客引進來。反過來說，如果你的網頁想吸引指定人流到訪，亦可以根據 GA 的數據去審視網頁內容以便調節。

訪客來源

到達你網頁的訪客，是從何而來？這項數據對於網店品牌的行銷策略尤其重要。訪客來源分為好多種，例如直接流量（Direct），代表訪客直接在瀏覽器輸入網頁進入你的網站；自然流量（Organic）代表訪客透過在搜尋引擎查找關鍵字之後進入你的網站；參照連結網址（Referral）代表由其他網頁連結進你的網站；社交（Social）代表透過社交平台例如 Facebook 等進入你的網站。

知道訪客從何而來又有何用？

　　站在行銷的角度，你可以知道網頁的甚麼渠道最能夠吸引客人到訪。例如是 SEO 做得很好所以自然流量最高？品牌夠有名所以有很多直接流量？社交平台夠活躍、有互動遊戲所以訪客從那邊過來？還是與其他網頁有合作所以多了 Referral 的流量？知道哪種渠道能帶來主要流量之後，行銷專員就能夠集中火力將資源投放較有效果的宣傳渠道。同時，訪客來源的資訊也可以讓未來行銷策略改為以針對收效較差的渠道為核心作出改善。

轉換率和跳出率

　　轉換率即是「你想訪客完成的動作的比率」。假設你以銷售數字作目標，轉換率即是流量當中有多少最後能完成購物的百份比。當然，未必所有網頁都是以銷售數目為終極目標，有些可能希望以提高電郵訂閱數、講座報名人數，甚至是募捐的捐款金額等。

　　轉換率除了是網頁的成績表，反映出其流量、宣傳帶來的實際收效之外，也是讓店家重新審視網頁銷售漏斗、行銷渠道的重要數據。如果網店的減價促銷轉換率表現不及買一送一優惠，是否代表客群比較喜歡贈品式的優惠多於實際減價呢，則可以從轉換率中評估。

　　至於跳出率，就是流量中有多少只停留過網頁的一頁就離開。與轉換率相反，對店家來說跳出率愈低愈好。跳出率資訊包括訪客通常在哪些頁面跳出、停留多長時間後離開等。就著這些數據，店

主可以審視自己的網頁是否有「死link」、網頁中包含不清晰或具誤導成份的關鍵字令訪客無法取得目標資訊、網頁中沒有適當的行動呼籲（Call-to-action）引導訪客到達某些頁面等。

這種狀況尤其於網店的部落格文章十分常見，因為他們多數只想在文章中找尋想要的資訊然後離開。所以，如欲以部落格作宣傳工具，就謹記要適量加入呼籲按鍵或大banner圖片，指導訪客執行你的銷售路徑了！

Google Analytics中的大量資訊絕不是隨機而來，能夠看穿數據背後的意思，利用當中的啟示去調整你的網店營銷策略吧！

EXTRA：

UTM（Urchin Tracking Modules）是行銷行業內常用的追蹤碼，用以追蹤網上行銷活動的成效，以及流量來源。如果需要為指定宣傳活動收集訪客來源資料，就使用 UTM Tracker 追蹤更深入的訪客資訊吧！ 例如：https://www.example.com/page?utm_source=[來源]&utm_medium=[媒界]&utm_content=[內容]就包含了 Source、Medium、Content 等元素。由於是自定義的數值，主要用來讓網主本人在 Google Analytics 中自己參考，寫的時候就要特別注意，要寫出自己看得明白的資訊了！

Google Analytics

Anywhere. Anytime.

Q28:

做網店不要「盲中中」！你知道自己網頁的表現嗎？—Google Analytics 數據分析 2

上篇文章我們討論過包括目標對像、訪客來源和轉換率等。本篇文章將會更深入地細數一些 Google Analytics 你需要知道的數據。

Cost per Acquisition

又稱 cost-per-action 行動成本，意思即是讓客人達到指定行為的相應成本，對於店家來說，即是每張訂單花了多少錢。這項數據對於售賣產品的網店店主是尤其重要的，因為

訂單成本可以直接影響到店的經營和銷售策略，而這項數據也是因店家性質而定。

比如說，兩家店同樣賣時裝，A店家平均的訂單成本是$50，B店家是$10，不一定代表B店家比A做得好。反過來說，訂單成本$50也可能造成成本過高而不賺反蝕的情況。所以，CPA並不能單獨成為反映網店表現的指標，更需要配合其他數據互相比較。例如，店家的平均訂單價值（Average Order Value）是多少？每一張訂單中客人購買了多少產品？客人的「生命週期價值」（Lifetime Value）是多少？

所以，在這邊提及的Cost per Acquisition數據重點在於「不要單看CPA數據決定一切」。網店店主更應該觀察在不同的CPA下，何種廣告的表現帶來利潤最高的客人。假如$40 成本能夠帶來一位回頭超過三次的回頭客，每一次都令純利超過 $100，這位客人即使是透過昂貴廣告賺回來的也都值得。相反，如果 CPA 很低，只需 $10，但每次購物後的純利卻只有 $10 甚至更少，則令店家考慮這種渠道是否最適用的廣告活動。

Behaviour flow

如果已經了解了 CPA 的重要性，接下來就要知道客戶看網頁的路線圖。Google Analytics 能夠讓你知道訪客從那個頁面進入了網頁、停留了多久、轉跳去甚麼頁面、作出了何種行為、最後從甚麼頁面跳出。這一切的資料對於店家來說十分有用，尤其是以內容行銷為主打的店家。

例如，一些賣花的店家會在網頁上寫網誌，訪客可能是在 Google 搜尋到相關文章而進入網頁，看畢文章後跳去產品頁面，最後執行購買行動。藉著 Behavior Flow 的數據，店家就可以知道訪客多數是走了多少步才離開網店或者進行購物。同時，也可以了解哪一頁造成較多流失或者較能引入訪客等。

對於店家來說，Behaviour Flow 的重要性在於能夠反映用戶的實際情況，並能夠讓店家清楚知道應該在哪一頁著手改善網頁。配合 CPA 的數據，可以讓店家對於整體的消費者表現有一個明確的畫面。到底從廣告而來的訪客最終多不多成為顧客呢？他們又經過多少思考才決定下單？看過網誌的顧客會否有特別高的忠誠度？這通通都能夠給店家更全面的畫面。

個別頁面資訊

　　一個網店總不能只有一頁，而多頁的網店，也就有不同的頁面表現。個別頁面資訊可以包括最高瀏覽量的分頁、平均頁面停留時間、離開頁面等。這些資訊能夠讓店家更精準的指向網店個別頁面的表現，從而為這些頁面進行改善工程。

　　從客觀的角度看，流量最高的網頁也不代表一定對網店有最大貢獻。例如店家賣的旅行用品，網站中最高流量的卻只是店主隨心寫的遊記；或者主打球鞋產品的店家，流量卻全跌進襪子這種旁枝產品頁中，即代表網店表現不如店主預期一樣。反過來說，如果店家的產品頁面流量極度不均，或者主要產品流量低，也要考慮一下是否在廣告、行銷等方面走錯了方向。

　　停留時間也是很重要的數據。作為網店店家，理所當然地希望客人停留在網頁長時間的對吧？不過，想深一層，如果客人光留在網頁而不消費，或者主要不斷閱讀店家的各個網誌文章，又是不是好事？考慮到消費層面的話，如果訪客在結帳頁停留時間很長，是否也代表網店的結帳過程太繁複，有簡化空間呢？

　　最後，離開頁面也是很重要。先不要將離開頁面視為洪水猛獸，因為到達網頁的人總有離開的一刻。作為店家當然希望客人是在購物後的感謝頁面離開，然而世事總是事與願違，或許多數人在閱讀網誌之後就離開，或者訪客在產品頁格過價後就離開。這些時候，店家也可以審視一下網頁中是否有足夠的行動呼籲（Call-to-Action）？或者整個銷售漏斗有沒有漏洞？都是店家可以鑽研的問題。

　　Google Analytics 對於每個店家來說都是很豐富的資源世界！對於不同店家而言，Google Analytics 的多種數據也有不同作用。好好的將 Google Analytics 當成是網店成績表概覽，為自己的網店逐步改善吧！

EXTRA：

　　雖然 Google Analytics 是非常有用的工具，但 Google 抓取得來的資訊也會受各種外在因素影響。所以，店家不應將 Google Analytics 當是百份百的「神咭拜」，而更應以客觀角度，小心使用 Google Analytics 的數據！

Q29:
收費廣告大行其道！
如何利用數碼廣告提升網店業務？—
Google Ads, Facebook Ads

上一章我們曾經簡單提及過當今社交平台行銷是如何做到，但對於一些店家來說，使用社交平台作行銷和品牌推廣已經駕輕就熟，而其效果亦有飽和跡象。如果想要再一步走得更遠更深入，就可能要向收費廣告的方向進發。

記得早前章節講過的Outbound Marketing概念嗎？今次就和大家深入介紹一下，主流的Google廣告和Facebook廣告，是如何運作，以及如何帶起網店店家行銷效能。

有很多店家對於Google和Facebook的廣告有種不解，以為兩者都是一般的數碼廣告。然而，兩者無論在出發點、對象方面都有所不同。Google是一個搜尋引擎，沒有人主動

搜尋相關關鍵字是難以發揮作用的。所以利用 Google 找到你的人，本身就對你的產品有需求，為你帶來的客源多數比較容易有實際轉換。

反過來說，Facebook 的運作模式是透過選擇指定的受眾去發放廣告，作用更在於開發未觸及的新客源。簡單一個對比，Google 的廣告就像是你本來已經有店舖，有客人進來買東西。而 Facebook 則是你派人員到街外派傳單給貌似會買你產品的人。

Google 廣告

雖然是搜尋引擎，但 Google 也發展出各式各樣的廣告模式。最傳統的有文字廣告（Text Ads），即是在搜尋結果頁面出現，而結果前面寫著「Ad」字樣的那些。這類型廣告與其他搜尋結果無異，只是你可以自行決定標題、描述、連結等。顯示雖然傳統，但跟一般搜尋結果最相似，也較低機會讓訪客反感和抗拒，也是最多店家入門使用的廣告方式之一。

另外，Google 與全球超過二百萬個網站合作，組成「聯播網」（Google Display Network）顯示廣告。這種方式相當於各位平日在大大小小的網站上看見的橫額廣告。他們以不同大小、方式顯示，有時候是圖片形式、有時候則是一組不同大小的圖片嵌進不同的廣告板位上，也有一些是影片形式的播放（YouTube 也是

Google 的聯播網成員）。而著名的「再行銷」式廣告也是利用聯播網作為展示平台。

隨著時間發展，Google 也推出了更智能，更自動的廣告，購物廣告（Shopping Ads）就是其中之一。相比起手動設定廣告文字、競價、顯示時間等元素，購物廣告只需要抓取網店上的產品資料，就可以自動以產品資訊生成廣告，個人化地顯示於搜尋結果頁面。另外，動態搜尋廣告（Dynamic Search Ads）和動態再行銷廣告（Dynamic Remarketing Ads），也是以產品目錄自動對應網頁和搜尋結果的方式生成。

三大類別的廣告，都是需要透過 Google AdWords 帳號進行設置。一般文字廣告以及聯播網廣告需要設定顯示平台、每日競價上限、播放時段等資訊，另外亦要自行撰寫廣告文字，以及安排在聯播網上不同版位顯示的廣告的設計等。至於動態的廣告，包括購物廣告、動態搜尋及動態再行銷等，就只需要將產品目錄上傳到 Google，設定每日預算，然後系統就會自動為你競價及顯示廣告。

Facebook 廣告

Google 廣告以外，另一極受網店店主歡迎的廣告方式則是 Facebook 廣告。即使在自然互動率大跌的環境下，就筆者接觸

過的店家當中，超過九成仍然覺得Facebook廣告比起Google廣告「多嘢玩」。而正因為Facebook反主流地對於自然互動出手限制，反而令付費廣告的價值進一步彰顯。

而由於Facebook是社交平台的關係，廣告的目標及設定比起Google也可以做得更深入。例如，除了一般的受眾類型以及他們的喜好之外，Facebook也可以讓你指向讚好某些專業的讀者或者排除某些專業的粉絲（以避免競爭者看到你的廣告）。

對於一般店家來說，最常用的名詞是「Boost Post」，即在已發出的帖子上進行廣告推廣。你可以為廣告設定總預算及播放期，但一些較深入的設定，例如受眾資訊 — 包括語言，地區，人口特色等卻必須在Facebook 廣告管理員中進行。所以，筆者建議想做好Facebook行銷的各位不要懶惰，緊記要進入廣告管理員好好了解！

Facebook廣告的格式不比Google的少，例如有圖片廣告、影片廣告、精選集（Collection Ad）、輪播廣告、動態產品廣告等。不同的店家可以因為產品特色決定使用哪種廣告。例如，店家如果賣電子產品的話，可以展現產品多種面貌及動態的影片可能是不錯的選擇。

至於輪播廣告則可能比較適合產品種類較多的店家，例如時裝、飾品等。值得留意的是，和Google的動態廣告同樣，Facebook動態產品廣告也是由產品目錄自行產生的。其廣告的作用在於再行銷，當有訪客按過產品或者上過產品的網頁後，系統就會自動以產品本身生產出廣告，以達到提醒客戶再購買的效果。

預算有限，應該點？

那麼，店家們預算有限，又應該用哪種廣告呢？無論以上哪種廣告，都有他們一定的作用，必須視乎他們的網店特色去決定。如果你希望品牌能夠走向未指的客群，使用Facebook可能會比較合適。而如果想提高網店流量而逐步提升銷售，則可以考慮集中精力於Google廣告上。

但無論如何，都不要嘗試將一筆本已不多的預算再拆細分別用在兩種廣告上！很多人以為數碼廣告可以用小預算來小試牛刀，其實這樣反而會令廣告效果難以看見，最終令預算白花。大原則是，網絡廣告效果是需要時間及（適量）金錢培養出來，欲速則不達，貪字最終得個貧！

Q30: $

會送錢的網店
能賺更多！如何利用
優惠做更多生意？

在節日假期時，不少網店店主都各出奇謀，希望來一個大型銷售活動。尤其賣水果、食品或禮盒的店家，更加會視中秋節為一個小型旺季，瘋狂推出特價或加購產品，借優惠來推動銷售。然而，有些店家會思前想後，不贊成透過如同「送錢」的回贈方式去換取訂單，認為有損成本。怎樣才能送優惠送得精明，讓網店賺個盆滿缽滿？SHOPLINE 以實例為證，送你 3 個小貼士！

1. 滿額或指定產品免運費

例如是母親節，不少人打算送康乃馨、廚具、精美禮盒等給媽媽。很多店家平時未必有免運費優惠，需額外加收約 $20~$40 運費。對消費者而言，訂單總額只是 $100-200 左右，光運費就佔了訂單的 10-20%，即使消費者願意付，難免也感到「肉赤」。如何從運費中提供優惠，讓消費者買更多？賣台灣人氣手工蛋卷店家「海邊走走」的方法是：

如圖所示，海邊走走為母親節特別推出優惠，如在 5 月 15 日前下單，只需滿 $199 即享免運費。一盒蛋卷的價錢介乎 $150 至 $350，限時免卻了運費，對於消費者來說自然更有吸引力，把握時機下單。而在店家角度來說，組合式售賣變相賣出更多商品，自然無任歡迎。

同時，海邊走走更有「買滿 $599 額外有贈品」優惠，同樣可以刺激消費。假設消費者的原目標只是價值 $329 的 HI YOUNG 海漾綜合蛋捲禮盒，除了滿額免運之後，又可能買多一盒 $270 的 Hi 綜合蛋卷禮盒，就可以獲得額外一盒蛋捲，增加消費者推動力買更多商品，以符合 買滿 $599 的條件，或者推介給身邊朋友共同選購以達到滿額贈送金額。而這裡的關鍵就是，要買滿多少才有免運呢？這邊有兩個建議：

A.) 產品平均價錢的 +20%~30% —— 制造「差一點就可以免運了，不如多買一點東西？」的懸念。然而，實際上店中並沒有該價錢差額的商品，變相客人要多買一件接近同價的商品才享有免運。

B.) 免運條件等於指定產品單價 —— 顯然地，這種做法是引導消費者去購買某一項產品。該產品可能是你心目中期望熱賣的，或者任何產品，都可以利用這方式去推動一下。

2. 限時折扣

給予折扣所有店家都知道如何做，但如何巧妙運用折扣優惠爭取更多訂單呢？首先思考對於消費者來說，是甚麼產品才會有折扣優惠？一般來說是熱賣商品會有折扣嗎？還是任何產品都有機會有折扣？答案當然是後者！

在網絡營商的邏輯中，折扣商品並沒有一道既定的方程式，店家可以因應自己的商業需要決定如何執行折扣優惠。例如，一些食品類的產品，如果入貨之後銷售量沒有預期中理想的話，可能會面臨產品過期的問題。屆時，為了盡快促銷這些「高危」產品，店家可考慮提供一定折扣優惠給這類產品。

另外，一些本來就是熱門的商品，也不妨利用限時折扣去再推一把。尤其如果你的熱賣產品在市場上有一定的競爭對手，使用折扣優惠可以提高品牌的競爭力。不過，要記住，當使用折扣時，定價一定要恰到好處，例如是 75 折至 9 折之間，以免折扣太少無法吸引消費者，或者折扣太「狠」，予消費者賣假貨的感覺，或是惹來其他行家的批評。

至於為何要限時呢？不可以長時間都有折扣嗎？限時折扣能夠讓消費者產生一種「不想丟失機會」的心理，而盡快在優惠仍然有效時進行買更多產品。同時，限時優惠能給予消費者一種「因為優惠折扣很大，才會限時發放」的感覺。這些心理感受，都能夠使消費者焦急並更想買得到你的產品。

3. 會員制度

除了直接折扣優惠或免運費外，更加間接卻有效的方法是提供會員優惠。會員優惠的方法有很多種，可以是購物金、會員獨享折扣、會員限定優先預訂等。

會員購物金

當客人成為會員並作出消費時，會因應訂單的價錢回饋指定數額購物金到他們的帳號之中，當他們下次消費時可以當是現金使用。從另一角度說，即是推出屬於自己品牌的「貨幣」，聽起來好像要給客戶送錢？但其實倒頭來，客戶的購物金也只能用到你的商店上，變相也是增加你的網店的銷量。

會員獨享折扣

別誤會！會員獨享折扣並不是給會員看的，而是給仍然未成為會員的一般消費者看。通常，店主會在網店當眼處貼出「成為會員即享全單 X 折」的優惠訊息，讓購買一定數量產品、或者會回購的消費者可以在下次消費時以會員身份享受更低價錢。對於店家的好處，則是在爭取更多訂單的同時，擴大會員基礎，以方便日後的推廣。

會員優惠資訊

當儲到一定數目的會員資訊之後，下一步就能夠利用這些資訊發出會員限定的優惠、最新消息。尤其對於售賣運動服飾的店主，通常會早一步發放限定品預訂的消息，讓成為了會員的消費者可以優先預訂心儀產品。除了制造「數量有限，會員特別優待」的想法外，亦可以維繫與會員之間的關係，表現出品牌對消費者的重視，長遠有助改善品牌形象。

營運網上商店，發優惠給消費者就好比放魚餌釣魚，沒有投資是很難有回報的。先撇開給優惠等於倒錢下海的觀念，試試各種方法進行推廣，或者放 $1 的優惠，能夠帶來 $10 的回報呢！

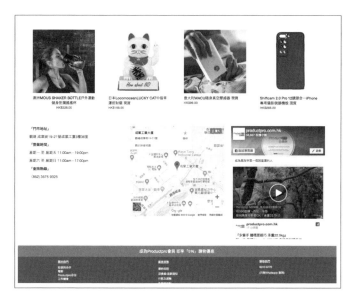

店家 Productpro 在網店頁底標明了成為會員尊享折扣優惠的資訊

Q31:

我的客群開始累積了，
要如何留住他們回購？

　　網店開始上軌道之後，就會開始累積一班顧客群，有一些甚至會回購你的產品。作為店家，有一班支持者是不可多得的好事，當然想盡量留住他們讓他們成為忠實粉絲。而店方可以如何做，去留住他們，使他們會持續在你的店上購物？最簡單的方法，就是用會員制度！

會員制有何好處？

　　Business Insider告訴大家為何會員制度重要：今時今日，有76%消費者期望消費時有金錢以外的額外回報。會員制能夠提升客戶的整體購物體驗，客人在購物時，本來只會期望帶走他們付錢而得來的產品，但結帳之後你卻告訴他們：成為會員後你有額外點數可以再購物！這樣會製造出一種「哇，我是消費者反而還有回贈？」的驚喜感。

　　另外，提供會員制度能為客人在心理上產生一種認同感，讓他們覺得「品牌重視自己，想當我是自己人」。當品牌不是做完生意就踢你出門，你也會有較良好的感覺吧！

　　當然，店家們更關注的是實際的金錢回報。透過會員制度，你可以發放適度的回贈金額或購物金，讓客人

們更樂於再來購物。每一個人在購物時都希望能夠省下金錢，如果有金錢回報，讓客人覺得有利益的話，就更會接受來你的店購物了。

再者，回贈金或點數只能用於同一家店，為了不讓儲起來的點數浪費掉，顧客想必會為自己想一個原因再來消費，在點數或回贈金的層面上「賺到盡」，造就對於店家和客人的 Win-win 雙贏局面。再者，當客人在你的店上得到產品以外的益處，也較容易推動他們向朋友介紹你的產品。

會員制該如何做？

要做好會員制度非常簡單，也有很多方法。視乎業務的需要以及你的行銷目的適當地調節會員制度。以下介紹幾種方法：

1. 會員購物金

　　購買產品並成為會員之後,可以獲得一定數量的會員購物金,用作下一次消費時使用。會員甚至可以累積自己的購物金,直接使用購物金消費。這樣一來,顧客就會慢慢習慣在你的店上消費,回購率也隨之而提升。你也可以為會員設定多級制,買得愈多,回贈購物金愈多,愈能夠扣住客人的心。

2. 定期禮品

　　像一些信用卡消費後送禮券一樣,你也可以向已成為會員的消費者發放定期的回禮。回禮不一定要是金錢形式,也可以是送自選的店舖禮品、禮券、或可以留到一定期限才使用的優惠碼。條件當然是客人要在一定期間內完成指定金額消費(例如每個月花最少 $500 於網店產品上)。這種做法更能夠讓他們定期到你的店進行消費,成為你穩定的銷售來源。

3. 介紹計劃

除了是縱向的培養客人對品牌的忠誠度之外，會員制也有積極開發新客人的作用。你可以為網店定下介紹客人的計劃，例如會員將專屬自己的介紹優惠碼發給朋友，只要他們使用優惠碼結帳，持碼的主客人就可以獲得一定的會員點數。儲夠一定點數，客人可以用來換取禮品或買產品，或者直接換成購物金額等。這些做法都能夠擴充客戶來源，讓會員主動代你出手宣傳給更多人，而有些甚至是你想也沒想過的客戶群。

4. 突擊式驚喜

所有人都喜歡驚喜，你網店的客人也不例外。你可以訂下不定期的突擊優惠，例如會員生日禮金大放送、黑色星期五全店13%折扣、聖誕節「Last minute」送禮活動，限定會員購買指定產品有優惠，甚至進行會員大回贈活動，會員在指定時段於網店購物即享優惠等。這些做法一

來可以讓網頁優惠保持新鮮感和活力，也可以推動客人多留意網店優惠動向並留店消費。同時，如果網店遇上淡季或銷售低點時也可以用這些招式推動銷售。最重要的，是可以吸引更多未成為會員的消費者心動並加入會員享受優惠！

會員優惠價值遠比成本高

有些做生意的店家對於會員優惠、折扣等銷售活動「勒緊褲頭」，生怕優惠太多會影響網店收入。然而，做生意適宜看長遠，而非單單著重於眼前的銷售表現。如果你的網店銷售數字已經一直停滯不前，可能就需要考慮一下會員或者積分系統的可行性。

舉一個很簡單的例子，著名咖啡飲品品牌 Starbucks 的會員回贈計劃內容非常豐富，例如免費贈飲、新產品推出首週免費升級飲品、生日月份免費贈飲等；而成為會員

的門檻亦不高，基礎會員只需普通登記就做得到，其後的會員升級透過購買飲品儲「星星」進行。

這麼簡便的登記會員方法和豐富的回贈會令 Starbucks 蝕錢嗎？先撇開品牌本來就是飲品界龍頭的事實，回贈所換來的價值遠比成本高！由於消費者已經是你的會員，長遠來說為了維持自己享受的優惠，會不斷地消費去延續會員資格。

此外，透過「加入會員」收集得來的數據也可以用作策劃長遠行銷方向之用。例如，最高級的會員有何消費特性？每次消費約花多少錢？通常買甚麼產品？會員升級的誘因是甚麼？哪類型行銷活動可帶來最大反應？憑藉這些數據去制訂更準確的行銷大方向，會員制度所帶給你的變相是無限大的價值！

Q32:

3 個小撇步
讓你成為網絡
最親切友善的店家！

　　在網上世界售賣的產品五花百門，雖然我們時常說要做好自己的產品來突出重圍，但有時候光靠產品也未必能夠打動人心，又或者產品確實未能及上其他對手，那你可以用甚麼方法做好自己，成為出色的網店呢？產品不能成為戰場，就在其他範疇取勝！現在就獨門教授幾招客戶服務必殺技，讓你輕鬆幾步俘虜客人的心，成為網絡上最親切友善的店家！

1. 與客人即時互動 – Live Chat

　　網店和實體店的其中一大分別，在於網店沒有真人店員在店支援，而實體店則有店員在場為客人介紹產品及解答問題（也有人覺得被店員「纏著」好麻煩⋯）。雖說大部份的網店都有提供電郵查詢的方法，但電郵的回覆等候時間長，隨時令本來大機會消費的客人直接流失！根據 Drift 的研究發現，店家由一開始接觸消費者開始，如果回應時間多於五分鐘，之後能夠再次與客人展開對話的機會立即低了十倍。

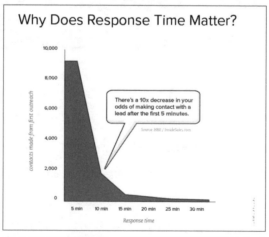

由 Drift 所做的調查，發現訊息回應時間對於完成訂單有著重要影響。

所以，實時互動成為網絡消費的大勢，網店上有安裝即時通訊 Live Chat 的工具，讓店家實時回應客人查詢，等於能夠撈住（本來可能會流失的）客人。當中的秘密是甚麼？是以下幾點：

a. 一些店家單靠 FAQ 解答客人疑問，然而，客人的問題不一定都能夠在 FAQ 涵蓋。即時通訊能夠為客人提供更貼心及度身訂造的解決方案

b. 客人透過即時通訊得到的未必一定只是產品相關的資訊，例如時裝類產品，即時通訊的真人化服務亦可以為客人提供配襯建議、當季推介以及如何組合購買獲得最大折扣等額外價值

c. 即時通訊回應講求快捷，通訊軟件可以讓你在客人離開去找其他品牌之前就留住他們購買的心

d. 根據 MarTech 的調查，51% 網絡消費者傾向在有提供即時通訊的網店中購物，當中一半表示會於這類網店再次消費，即是說，即時通訊有助提高客人回購意慾

e. 你的網店還未有即時通訊的渠道嗎？恭喜你！因為在 Drift 的調查當中，還發現受訪的 433 家公司，只有 14% 有提供即時通訊！你現在起步還未遲！如果你正在使用 SHOPLINE 開網店，即可以簡單地在後台安裝 Live Chat 的掛件，讓你的客戶服務昇華！

2. 感謝客人支持 – Thank you card

　　相信初起步的店家，對於肯付錢來支持自己夕夕無名的品牌的客人，都會有深刻印象並帶著感恩之情。沒有第一個客人，網店就不會有第一百宗生意，這是最顯淺不過的道理。如果你也是一位飲水思源的店家，就不妨將對客人的感激之情寫下，並寄在產品當中！

　　試想想－到網上購買一把雨傘，貨到時候收到由店家寫的（沒錯是親手寫！）感謝卡，內容是感謝我對店舖的支持，希望我會喜歡產品，如有任何疑問請聯絡店家。雖然內容沒有太大的個人化，但收到手寫心意卡絕對是打動客人的最佳感情牌，即使自己未必在短時間內回購，都一定會留下深刻印象，並將品牌推介給朋友。

　　能夠在產品包裝中加入手寫的感謝卡當然是最理想，但如果你的網店一日收到過百訂單，豈不是要聘請一隊「寫卡專員」！？不，這也太浮誇了，如果沒辦法做到全手寫感謝卡，你也可以選擇列印感謝信，並同時包含一些使用產品的注意事項、折扣優惠碼供再次購物之用等等的貼心小撒步。一些個人化的訊息，總是能夠為客人帶來額外價值以及提升他們對品牌的滿意程度。而最重要的是－讓客人感受到你對他們的在乎。

例如本書在寄出第一版時也試過在寄出商品時附上心意卡，一些收到的客人會拍照並貼到社交平台分享

3. 售後服務 — 與客人保持聯繫

　　一般網店店主都會認為，能夠完成銷售就是網店的主要目標。然而，眾所周知，要取得一位新客人比起令消費過的人回購困難得多，如果能夠令過往的客人對你留下正面印象，就能夠更容易驅使他們再度消費。那麼，要如何在客人買了產品都還記得你？其實是輕鬆簡單的。

　　其中一個方法，就是善用客人留下的電郵地址。通常，網店在結帳頁面都會增設一欄「你是否願意接收有關品牌的

最新資訊及推廣」。假如客人願意留下電郵，即代表對你品牌的第一印象不差。此時，你可以選擇在客人消費後的一定時間（例如到貨後三天）發一個電郵，了客人對產品的使用情況，例如是他們知道如何使用產品嗎？對產品的質素滿意嗎？對品牌有甚麼意見可以回餽？這些都能夠樣客人感到你對他們的尊重，並且讓他們知道品牌即使在售出產品之後都會有支援，不怕產品出問題時求助無門，這樣做會令他們放心在下次購物時也找上你。

除此以外，在客人購物之後，透過電郵通訊你也可以發送新優惠資訊、網店新活動、假日訊息等，保持長期與客人的聯繫。有些網店更讓客人留下電話號碼，進行更親密的通訊軟件行銷。

所以說，傑出的網店品牌背後，除了有傑出的產品、有效的行銷渠道，也要有出色的客戶服務團隊支持！能夠維持理想的客戶關係，對於網店的成長以及鞏固品牌形象都有絕佳的幫助！三個小撇步，記得做足！

做好客戶服務，就是成功留住客人的關鍵一步！

SHOPLINE 全球智慧開店平台

集合網上開店、直播購物、實體店 POS，

全面物流、付款配套，盡在 SHOPLINE!

———————— SHOPLINE.HK ————————

立即 Scan 右方 QR Code ————————

我們將提供 30 分鐘免費一對一電話查詢，

為你比較及分析 SHOPLINE 及各大電商平台

功能服務，以及分享真實品牌開店案例。

海邊走走
過億台幣手工蛋捲企業

座落北海岸的淡水，吸引著那些對河岸邊漫步、優哉悠哉的遊客們。人手一支串燒、一杯珍奶，盡顯淡水居民假日散心的休閒自得。海邊走走的出現，建立起台灣人對於淡水的依戀，來到淡水老街主道旁，看著一盒盒蛋捲裝箱出貨，不僅將淡水之味帶到全國，更輸出海外。

「希望客人可以到淡水走走吃吃。」海邊走走品牌公關 Daniel 提到品牌名稱的由來，進而帶出海邊走走從小小的工廠，搖身一變成跨境品牌的心路歷程。

品牌創建關鍵：
從「差異化」出發

海邊走走為什麼紅？平均一條單價高達60台幣的蛋捲為什麼賣得好？咬一口酥脆蛋捲，原來秘密藏在夾層裡。這滋味讓海內外的訂單源源不絕。

「有料」的差異化特色助攻，驅使海邊走走開啟創業之路

海邊走走創辦初期其實也面臨過創業困境。試過研發肉乾、鳳梨酥等台灣人氣手信，但總感覺少了點什麼。畢竟這些手信市場都已經被各家品牌佔據著，此時要加入競爭，必要在市場有所突破才有可能成功。

「歷經多次嘗試與失敗，突然想起小時候家裡常常會收到品牌蛋捲。」海邊走走品牌公關 Danial 轉述品牌創立的艱辛。吃著總是空心的蛋捲，想著也許加入餡料會有不同的結果？「想要創立蛋捲品牌」的念頭就這麼誕生了。

與「在地小農」的有效連結加值，成為品牌擴散加速關鍵

選定販賣充滿內餡的蛋捲為主打商品後，口味選擇也是成功品牌關鍵因素之一。因緣際會認識北港的花生供應商，正好符合公司講求天然食材、台灣在地的理念，將濃郁的花生餡料填滿蛋捲中，不只滿足消費者的味蕾，更滿足「海邊走走」想要扶植台灣小農的心。

雙向品牌「純」價值推波助瀾，海邊走走逐步邁向國際

甜蜜的花生口味外，肉鬆內餡也大受歡迎。然後，海邊走走廣納消費者的建議，在選擇餡料上做出多次大膽的嘗試：海苔、葡萄、鐵觀音這些口味，全是店家對市場聲音的正面回應。奶茶、抹茶也曾在開發名單上，但因為不符合「天然、本地」的初衷而沒有生產。

「天然本地的食材」絕不是單純口號，海邊走走創立以來堅持初心，堅持用最好的原料；使用台灣嚴選蛋及進口安佳奶油，除了讓蛋捲的口感風味更佳，更提升消費者對品牌質量的信任。「現在年輕一代更注重食物安全」，品牌公關 Daniel 提到，為了達到純天然食品的標準，蛋捲內絕不添加香精或防腐劑，因此海邊走走的商品保存期限都只有 30 天左右。

社區媽媽純手工製作：有家人在的地方，才有溫暖感觸

身為土生土長的淡水人們，創立「海邊走

走」的過程就像遊子回家一樣。從前為了趕數百張訂單，跟媽媽、姊姊、妹妹一起熬夜捲蛋捲，雖滿是辛苦淚水，跟家人一同打拼的環境卻是那樣值得珍惜；如今，「想要一能跟家人一起工作的地方」，當初那小小的心願，現在已經成長茁壯成跨境品牌了。

網絡行銷力量提升，口碑行銷更得消費者青睞

2014 年，香港知名造型師及作詞人黃偉文在松菸誠品買了花生蛋捲，並在 IG 打卡頒發「來台必買」的寶座給它，正式讓海邊走走的蛋捲在香港打開知名度，走向國際市場。成功打出手信口碑後，海邊走走為了滿足國外觀光客的需求，決定建立起電商事業、走上跨境電商之路。

為了行銷跨境電商品牌，品牌公關 Daniel 提到，公司這兩年跟上潮流，接洽 IG 網紅與 YouTuber，對精準受眾做深度曝光，網絡名聲如今已傳到整個亞洲：韓國、香港、台灣、甚至馬來西亞，足證大量曝光成效極佳。「有餡的蛋捲」現在是公司主打口號、親朋好友送禮的首選，因為是親友間的推薦介紹，「溫暖」的蛋捲伴手信品牌回購率節節升，造就海邊走走不屈的品牌傳奇。

台灣品牌海邊走走正在擴展海外市場，相信不少香港店家都想知道當中跨境商務的技巧及秘訣。今次就由海邊走走為各位解答 7 大跨境電商疑問！

問 — SHOPLINE 團隊成員
答 — 海邊走走創辦人 Zech

問：對海邊走走來說，走進香港市場的最大困難是？
答：我們原先是在台灣市場做起，所以對於海外市場的認知比較弱。遇上最大的困難是了解香港群眾的消費行為如何發生。例如，台灣比較常見超商取貨、物流配送到家等方法，都未必在香港流行。所以，了解香港、以至做跨境電商時所遇上的市場特性成了我們的最大困難。

問：香港和台灣在網絡行銷上的特質有何不同？

答：無論在用字上、時事上的在地化都是我們要考量的東西。例如早前在台灣地震一事之中，我們也緊貼著事情發展，發了地震相關的帖文並呼籲各位小心。在香港，我們也要了解當地的時事，才可以身同感受，更落地的與消費者接觸。

問：跨境商務上遇上的最大難題是？

答：由於你想走入的跨境市場未必認識你的品牌，行銷和本地化兩方面就成為了最大的困難。以香港市場為例，雖然在台灣有一定的知名度，但對於香港消費者來說未必熟悉產品。要做好品牌推廣，同時也要有本地化的宣傳策略，緊貼社會潮流，才有機會走進消費者群，打通跨境商務的方向。

問：有甚麼類型的產品／品牌適合做跨境商務？

答：做跨境商務要留意是否要將產品由原產地送往外地。例如做食品行業的，盡量選些不會容易損壞的食物會比較好。另外，也可以留意不同產品所涉及的運費和關稅等，所以貨件產品的重量對於店家來說都是重要的考慮因素，並會影響跨境商務的成本。

問：做跨境電商時店主容易忽略哪些事項和成本？

答：由於開拓新的市場未必是店主本來認識的，所以在與當地團隊溝通時就會有無可避免的成本。同時，打進海外市場時多數要透過廣告協助，所以宣傳品牌的成本也要計算好。

問：跨境電商為品牌帶來甚麼好處？店家為何要考慮做跨境？

答：跨境電商是一個以較低成本將產品帶到海外的方法，因為產品其實已經準備好，只要有適合的市場，就可以直接將產品向外地銷售，擴展品牌知名度。

問：有甚麼心得可以分享給想做跨境電商的店家？

答：做跨境電商之前，最好了解清楚當地市場的狀況，例如是市場上是否已經有相似的產品？自己的品牌又能否做到產品差異化，而在新市場突圍而出？跨境電商不能為做而做，要明白自己的產品在其他市場有潛力才好。

相信 7 大問題讓各位店家都了解到自己是否適合做跨境電商了，如果還有疑問，記得找你的專屬查詢。

01

Serco Store
甜淡情懷的情侶
創業故事

葵涌一帶的工業大廈,是不少年輕創
業家的搖籃,蘊釀過一間又一間的成
功品牌。今次 SHOPLINE 專訪的店家
Serco Store,卻是因為愛而進駐工廈
的創業故事。

01) Serco 的旅行照。
02) Serco Store 充滿日系風格的設計,予人一種家的感覺。
03) 除了是工作室,同時也是貨倉,兩邊排好了齊整的貨籃。
04) Serco Store 的產品介紹全部都由店主 Serco 主理。

創業的原因－就是想成為同事

「要如何做才能讓我和 Serco 做同事呢？」目前擁有過八萬粉絲的日、韓、美國代購品牌 Serco Store 的起源，就是來自簡單的一個問題。Serco Store 男店主 Kappa 和女店主 Serco 是一對年輕情侶，二人從學生時代開始走在一起，至今愛情長跑已經超過十年。由學生畢業成為大人，自由和責任都變多了，兩人在一起所面對的挑戰也相對大了。

沒有創業經驗，來自完全不同的背景，唯一推動 Kappa 和 Serco 由零開始學習做店主的，就是兩個人簡單的共同目標。「本來開創品牌不是單純為了賺大錢的。只是我們都好喜歡旅遊，如果能夠在旅遊同時能為下一次旅程賺取旅費，那該多好。」

旅行‧攝影－Serco Store 的核心價值

第一次萌生做代購生意的念頭，源於四年前第一次去日本。「當時覺得那邊的時裝產品選擇比起香港的有多很多，很想帶回來跟網友分享，尋找同路人。網友的反應是出乎意料地好，除了我們選購的產品受歡迎，用作襯托的其他產品同樣多人查詢，生意就這樣開始了。」Serco Store 的雛形就此誕生。

serco.storee · 追蹤

serco.storee 放左低好爽既聖誕＋元旦假期 😊
一係唔放假 一放就停唔到(ˇ c ˇ)
咁樣真係好唔健康！
所以決定今年要好好計劃一下 點樣平衡生活同工作 1
2019年第一個目標！！
係每星期都要定一個休息日比自己 🌙
然後 終於要開始工作了
-
《NIKE FLEECE HOODIE 🏃》
特價！特價！特價呀！HK$359 ONLY
補返全身OPS上身圖先~
係今季最新出的橄欖綠色 🍃
比起入季價幾乎足平左一百蚊呀 咁睇到外碼呢
價幟格竟然似優惠~
★注意此為長版~
呢件比起之前個件長身嘅 女仔做OPS都唔晒
內有絨毛暖笠笠 哽仔都幾挺身架！😏
雖然今年夏天又短袖TEE NIKE都有出過橄欖綠

♡ ○ ⓥ   🔖

2,973 個讚
1月7日

登入 以按讚或回應。   ⋯

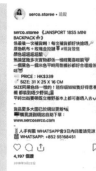

但代購網店在香港絕不罕見，而且是競爭很大的市場。Serco Store 憑甚麼能夠越做越大，累積到近十萬粉絲？那就與兩位店主的堅持和熱心有關。「每件由外國買回來的產品，我們一定會重新做 QC 及量度尺寸，再拍攝一次產品照片才放上架。」Serco 解釋說，這樣做是希望可以由自己親自穿著衣服介紹拼襯方法，將產品以最真實的一面呈現在消費者眼前。

05

有時候，為了帶出產品真正的美，他們會出外景拍攝產品照，甚至離開香港。為了影相，他們可以去到幾盡？Serco 憶述：「有一次我們身在東京，但雨下很大，根本拍不到好的照片。然後我們決定乘鐵路往北走去青森，因為那時候天氣報告說青森好天氣。結果，去到青森已經日落，還要即晚回東京，可謂白行一趟，哈哈！」雖然瘋狂，卻不想再有第二次：「總共坐了十幾小時火車，腰酸背痛，各位讀者如果想由東京去青森，最好在青森留宿一晚，千萬不要做傻事！」

著重細節和效率，提升客戶體驗

除了拍攝產品照片，Serco Store 也著重網店的各項細節，其中一樣是文字。Serco 堅持由自己撰寫所有產品介紹，因為對於正字、語氣、表情符號等都有要求。所以營運幾年以來，產品介紹的每字每句，都由 Serco 親自操刀：「回覆客人訊息時要注意正字及口語用法，例如『啦』和『喇』，『吾』和『唔』都有不同解釋。這種事不可以假手於人，不然就會貫徹不了品牌風格。」

為了追求品牌服務的盡善盡美，Serco 和 Kappa 在網店營運上作出了很多妥協與調節。「顧客喜歡在 Serco Store 購物的其中一個原因，是我們的發貨速度快。通常客人今天下單，明天都會收到貨。如果他們下單時間早，甚至可以即日到貨。」要做到這種效率，需要一定的犧牲，Kappa 說：「我們的日常開店時間只

有三數小時，亦不是每日開門。開店初期就是用青春換時間，日做十幾小時，盡量保持服務質素和效率。」Serco 補充：「當然也有改善的地方，例如 WhatsApp 回覆客人可以再快一點，哈哈。」直至現在，Serco Store 新增兩位同事，大大改善了忙碌的情況。

「一些網店的功能也協助了提升網店效率，例如是順豐自動化寄件。以往只有兩人負責網店全部運作時，要使用人手寫單出貨，非常費時失事。使用順豐自動化寄件之後，可謂再沒有發貨出錯的理由，而我們的寄件速度也提升了大約 30%。」

令 Serco Store 更驚喜的，是轉數快付款。「轉數快功能簡直是一個『尖叫』位。我們的客群多是 15 - 25 歲的年輕人，結帳方法也是以銀行轉帳為主。以往的做法，是客人轉帳之後為我們提供入數紙，然後我們要逐單核對金額。由於銀行轉帳要考慮到過數的時間差問題，導致核數也有一定難度。直到轉數快的出現，客人可以更輕鬆簡單進行轉帳付款，亦可以隨時隨地，24 小時購物。加上處理轉帳不再有時間差，而且有記錄可尋，使得在對數上不會再有出錯的空間。」

一對戀人．兩位同事．三隻貓

Serco Store 的店內，除了連店主在內的四位同事之外，還有三隻貓的蹤影。牠們是 Jarvis、Friday 和 Siri。一對愛侶、兩位年輕同事、三隻貓、穿拖鞋的辦公室，以及在悠和的自然光襯托下，使 Serco Store 比一般網店更多了一份家的溫暖。Serco 和 Kappa 的故事，見證著感情昇華到由同學變為戀人，再由戀人變成同事，也形影不離、常伴左右的浪漫故事。

05) 曾經在 Serco Store 熱賣到連香港總代理都主動聯絡合作的 JanSport 小背囊。
06) 貓是讓 Serco Store 變得更完整的元素之一。

06

KoreanFadMart
韓國代購
突圍而出

代購產業盛行，店家 KoreanFadMart 亦從韓國代購中找到發展機遇，為消費者尋覓韓國美妝產品。SHOPLINE 店家專訪特意邀請了創辦人 Ray 接受訪問，與大家分享代購生意的經營心得。有別於走遍港九新界交收和「撲貨」，Ray 的代購業務由 Instagram 開始，後來藉助網店的策略闖出一片天，且成功由網店走到實體店，雙管齊下發展。

01) 為鞏固消費者信心，KoreanFadMart 致力提供高質產品，且連續三年獲得正版正貨認證。

01

開網店做代購 幫輕店務易上手

講到 Ray 開始代購的機緣，起初就是來自母親的啟發。「當時媽媽移居韓國，留意到韓國美妝產品在香港市場上的需求機遇。」母親移居韓國後，眼見不少特別版、限量限定的產品，就算大家親身到韓國旅遊都未必買到，所以就建議 Ray 嘗試代購。

於是 Ray 就在 Instagram 起步創立了 KoreanFadMart，主要購入香港未能買到的韓國產品。「例如有些特別版美妝產品是只限韓國本地登記及訂購，我們就會幫手上網訂貨入貨，再送到香港的顧客手上。」後來隨著店舖採購的產品種類越來越多，每日的店務也開始不勝負荷，由產品宣傳發佈、回覆客人、寄貨到整理貨單等，Ray 就決定使用 SHOPLINE 開網店，以支持業務進一步發展。

「SHOPLINE 後台的產品上架過程夠快，而且產品資訊、付款結帳、寄件等資料跟進，都可透過網店來幫輕處理。」Ray 坦言，網店的串接架構縮短了訂單的管理時間。「開設了網店後，顧客可以直接到網站了解、落單、付款，寄送產品時 SHOPLINE 亦有『順豐自動化寄件』，讓整個消費過程變得更流暢快捷。」他坦言，有網店輔助代購生意，讓他騰出更多空間處理生意業務，專注跟進韓國當地的入貨及與顧客互動，但至於如何售賣合適的代購產品，Ray 就有以下四個準則。

代購貼士 一：強調正版正貨信心保證

很多時消費者都會關注代購產品的貨源來頭，而 KoreanFadMart 為加強品牌在消費者心目中的可信性，也會在社交平台帖文中強調正版正貨的認可，讓顧客可以安心購買。

除了網店自家宣傳保證之外，獲取官方認證亦是增加網店信譽的法門，KoreanFadMart 參加了由香港零售管理協會 (HKRMA) 及 SHOPLINE 合辦的「優質網店大獎」，成功贏得銅獎殊榮；同時 Ray 更一直與不同品牌協商合作，取得品牌官方授權認證，奠定了代購的信心保證形象。

代購貼士 二：「市場飽和」VS「市場熱門」

市場上同類競爭無可避免，但把握市場焦點是挑選代購時的關鍵，貼近市場熱門同時亦要避開市場飽和的情況。Ray 提醒大家：「熱門產品會有飽和情況，與其一味宣傳行內熱賣的同款產品，不如學會及時轉化。」舉例，當市場正在追捧一款卸妝油時，要避開同類宣傳及競爭，就可以考慮由卸妝油延伸推廣，順勢宣傳不同卸妝後的保養產品、護膚面膜精華套裝，藉此承接市場趨勢轉化品牌價值。

市場不會只有一種產品需求，與其被同化，可以順勢為自己提升價值。

代購貼士 三：針對消費者面貌及習慣去入貨

至於產品入貨安排及銷售方式，KoreanFadMart 會針對「消費者面貌」及「消費行為」兩個取態為重心去制訂策略，務求讓每一位消費者都有良好的消費體驗。

「例如 20 歲或以下的客人，會較喜歡即買即有，現貨銷售比較適合這群顧客；而 20 歲以上的消費者則較能接受訂貨等候。」所以每次即使有商品進行公開預訂，Ray 訂貨時亦會有「兩手準備」，預留一些貨量作現貨發售，吸納較年輕的客戶群。

同時，考慮及訂貨到貨需時，為避免顧客因等待而對品牌扣分，KoreanFadMart 在客服上也會強調高透明度溝通。「客人訂貨時，我會先預計到貨日期及發貨時間，讓客人心裏有個底，不用心掛掛而影響消費體驗。」用心與消費者溝通交流，亦是 Ray 的經營心思之一。

代購貼士 四：產品多樣性

「多數有品牌聯乘，或者明星推薦的產品，都會吸引較多顧客迴響，但其實未必每個人都適合這款熱門化妝品。」熱門不代表一定叫好又叫坐，所以 Ray 入貨時會酌量將其餘各款款色一併入貨，讓消費者可以找到真正合心的產品。「我不支持盲目吹捧搶購單一產品，這樣反而未必幫到客人。」

Ray 認為，建議客人購買適合的產品，比盲目推銷熱門商品更重要。他憶述，試過因推薦了其他產品給客人，令客人反應半信半疑：「當時客人自己想買的產品其實並非最合適的，後來我詳細推薦和解釋另一款產品的功效原理，客人才決定買回家試試。」而該客人買了 Ray 推薦的產品後，使用過後發現的確功效適合自己，後來也一直回購支持，成為了 KoreanFadMart 的忠實顧客。

由於代購是強調爭分奪秒的營銷模式，有了網店作為後盾好幫手，讓 Ray 可以繼續專了解顧客真正需要，幫消費者買到心頭好。

總結

最後，要總括代購生意一路而來的心得，Ray 強調兩個字：「耐性」

「代購生意節奏快、同時各項管理跟進的處理時間長；但口碑是靠日積月累，唔係一嚟就有成果，所以保持耐性的心態好重要。」品牌價值需花功夫去呈現，就如築建高樓都要花力氣去堆砌才可屹立，這也是 Koreanfadmart 的經營基礎、成功之道。

01

中西花店
策劃動人時刻的
「忘憂花店」

「我們希望為客人帶來快樂，花只是一種媒介。」
創立於 1946 年的中西花店，過去七十年來
秉持著「為人帶來快樂」的忠旨，雖然品牌
名叫做「花店」，但實際上所做的遠比「花」
多。SHOPLINE 店家專訪請來了中西花店負
責人 Ada 與我們細說花語，道盡擺花街老字號的
花店故事。

花店原來不是從花開始

原名倫核士街的擺花街，連同附近雲咸街、荷里活道、威靈頓街一帶，在19世紀曾經是高級西洋妓院的集中地。當時的人在「上青樓」前習慣買花束送給女性，引來一班花檔檔主駐紮，倫核士街在百花爭艷的環境中漸有了「擺花街」之名，一直沿用至今。

表面賣花　實際是拆局專家

在非主流購物區的中環擺花街上，賣著非主流的零售商品，中西花店如何能在此地段一直經營？原來因為花店表面賣花，實際上是幫助客人排難解憂的「拆局專家」。「我們並沒有刻意要成為花的專業。在開業以來，我們的宗旨是為客人帶來快樂，而花只是其中一種媒介。送花者不一定只希望用花作為心意，還有各種不同想法，務求收禮者感到開心快樂。所以我們更著重於如何為客人計劃好全盤的送禮方案，無論是節日佈置、擺設、各式植物，只要能圓滿地完成客人的要求，我們都盡量去做。」

客人的要求有幾「難搞」？令 Ada 印象較深刻的故事有一個。「客人是一位娛樂圈男星，來花店請求為他心儀的女士製造驚喜。他想要連續十天有不同的花束送到女士家中，每天都有不同的花語。在最後一天再用花砌出愛心訊息，在女星家中的泳池展示出來。

當時我們要安排物流，十天內應該如何present 整個想法，每天都要有別出心裁的愛心訊息。最後一天更要像拍劇集一樣將示愛字句偷偷鋪滿泳池。若被女主角事先發現驚喜，就會催毀

01) 位於中環擺花街的中西花店。
02) 中西花店的經典產品－日本蘭花。
03) 中西花店有著比一般花店大的雪櫃，更方便收藏各種鮮花，供貨時起著重要作用。
04) 店外早已貼上「FPS」轉數快的貼紙，能夠讓客人有更輕鬆方便的付款體驗。

了整個計劃甚至是前十天的所有心思，實在是非常刺激而有成功感。男生最終順利求愛成功，我們也很感動。」或者本來不必太多花禮，只需簡單心意就可以成功的事，經過中西花店的演繹，令愛意傳達得更為深刻。

走前一步　花店致勝之道

中西花店在網店營運上也有心得。「除了產品之外，網站上的消費體驗也是經營重點之一。我們早於二千年初已經開始利用網上商店作為銷售渠道之一。那時候網站主要用作展覽室，讓客人認識我們有的產品。而最近的城中熱話『轉數快』，我們都已經加入了網店中，讓客人更方便結帳。只要網店有新功能推出，我們二話不說一定會試用，務求讓客人有最新的購物體驗。」

說到底，就是要時常保持品牌新鮮感。「花禮是經典的禮物選項，但如果一成不變，例如每逢情人節，就買十二枝玫瑰花送給情人，久而久之，容易使人覺得送花是敷衍而沒心思的做法。所以我們常推出新的花禮及佈置，大型、小型的，可以放在桌上點綴的、簡單的小植物等，能夠讓客人開心，將送禮的心意更深化一點、心思想遠一點，就是我們的目標。而我們亦逐漸將產品範疇訂於不只有花，連辦公室裝飾、示範單位佈置、場地佈置等也一手包辦，現在亦有開辦與不同單位合作的工作坊，教授客人自製花禮以及配合各種風水擺設組合，將花禮的方案變得更完整。」

花店結語：溝通解決問題

除了透過投放 Google 廣告為實體店引流和提升品牌認知度，中西花店的宣傳渠道不算很多，客人主要來源也是口耳相傳。由於花店生意不是快餐式一買一賣，產品經常轉變之餘，也需要顧及花的季節及產量，所以中西花店也鼓勵客人親自到花店了解產品，而不是只依賴網店的照片就立即下單。而對於中西花店來說，溝通是經營上的一大挑戰、一大技巧，也是對於其他網店業者的貼士。

05)　臨近聖誕，當然有推出聖誕樹產品，配合節日氣氛。
06)　大型聖誕樹之外，中西花店亦有適合置放於桌上的小型
　　　裝飾擺設。
07)　除了花，店中亦有各種擺設產品，讓花禮變得更多元化
　　　和完整。

附錄：SHOPLINE開店6步曲

現在就想小試牛刀開網店，但不知該從何入手？SHOPLINE 提供 30 日免費網店試用計劃，讓所有人都能在短時間內設定好自己的網店，成為網上商店老闆！本部分將會深入淺出，以 6 步曲方式與各位逐步建立自己的網店！

 立即上 https://shopline.hk，按步就班，開始開店吧！

申請了帳號，進入後台之後，左邊的選項清單就是你首要認識的位置，因為這清單將會是主導整個網店設定流程的關鍵位置！

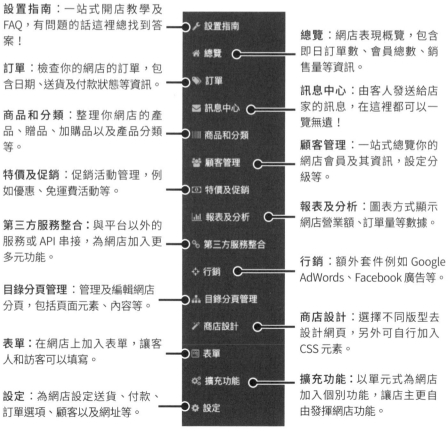

設置指南：一站式開店教學及 FAQ，有問題的話這裡總找到答案！

訂單：檢查你的網店的訂單，包含日期、送貨及付款狀態等資訊。

商品和分類：整理你網店的產品、贈品、加購品以及產品分類等。

特價及促銷：促銷活動管理，例如優惠、免運費活動等。

第三方服務整合：與平台以外的服務或 API 串接，為網店加入更多元功能。

目錄分頁管理：管理及編輯網店分頁，包括頁面元素、內容等。

表單：在網店上加入表單，讓客人和訪客可以填寫。

設定：為網店設定送貨、付款、訂單選項、顧客以及網址等。

總覽：網店表現概覽，包含即日訂單數、會員總數、銷售量等資訊。

訊息中心：由客人發送給店家的訊息，在這裡都可以一覽無遺！

顧客管理：一站式總覽你的網店會員及其資訊，設定分級等。

報表及分析：圖表方式顯示網店營業額、訂單量等數據。

行銷：額外套件例如 Google AdWords、Facebook 廣告等。

商店設計：選擇不同版型去設計網頁，另外可自行加入 CSS 元素。

擴充功能：以單元式為網店加入個別功能，讓店主更自由發揮網店功能。

設置指南
總覽
訂單
訊息中心
商品和分類
顧客管理
特價及促銷
報表及分析
第三方服務整合
行銷
目錄分頁管理
商店設計
表單
擴充功能
設定

Step 1：**商店設計**

1 商店設計是網店最基本、最重要的部分。而設計商店之前，店家適宜先上傳商店圖標、行動裝置圖標以及網址小圖標。店家可以在後台左下方按「商店設計」，然後進入「設計」版面，再按「網站Logo&標圖」然後上傳圖片。

2 接著，店家們可以為自己的網頁申請一個獨有網址，作為品牌推廣、SEO 等的重要一步。要申請自訂網址，可到後台左下方的「設定」，按下最後一項「網址設定」。進入版面之後，先填寫自己的專屬網址，再填妥「網域登記資料」就完成了！(注意：不填寫的話，SHOPLINE 會預設一個 XXXX.shoplineapp.com 的網址給你)

3 做好了以上準備之後，可以正式開始設計網頁了！SHOPLINE 後台已設好了 22 種不同的版型，讓店家根據品牌的風格及產品去自由設計。在後台左下方「商店設計」，按進「設計」即可在「店面版型」分頁中見到22種不同網頁模版（注意：使用不同計劃會對於可使用的模版有所限制）。

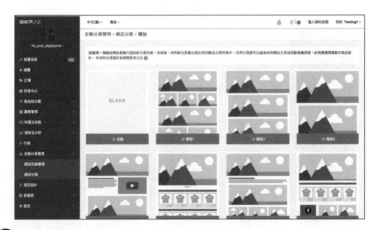

❹ 另外，如果你希望進一步自訂版面的外觀，也不一定要根據原有的版型去做。你可以到後台左下方「目錄分頁管理」，進入「網店分頁」。這裡會列出所有網店上的分頁，在右上方你可以選擇增設「文字分頁」或「進階分頁」。我們建議店家使用「進階分頁」，因為店家可以更具體地根據不同的樣板設計網頁。

❺ 在進階分頁裡，你也可以在左邊的「目錄」按鍵中，自行加入不同的「元件」，例如文字、圖片、影片、Facebook 甚至 Google Map 等。

現在就開始動手製作你的獨特網頁吧！

Step 2：**上傳商品**

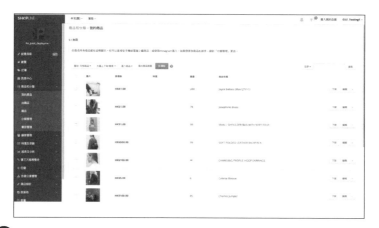

❶ 設計好商店之後，就要上傳商品到網店。你可以到網店後台左邊的「商品和分類」中，點選「我的商品」，以列表方式查看現有的所有商品。在這裡，你可以增加商品、將產品下架、複製產品以及編輯產品等。

❷ 假如你的網店未有任何產品，可以按上方的「增加」鍵新增。在新增產品的介面中，你可以加入產品的圖片、資訊、數量與價格、網絡搜尋最佳化等訊息。

3 即使是再熱門的產品，也需要有適當的描述以及圖片才可以吸引客人來選購。在產品資訊的頁面，好好思考一下如何用文字包裝你的產品，在最短時間內吸引客人來下單吧！

4 網絡搜尋最佳化是產品資訊的重要一環。很多店家有產品卻不知道如何宣傳，透過適當加入標題、關鍵字和描述，可以提高你的產品在搜尋結果的表現。

Step 3：**付款設定**

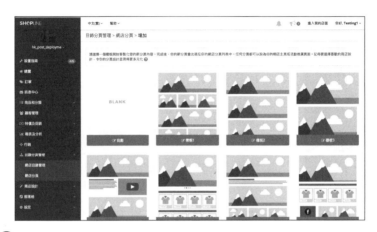

❶ 當網店設計完成，產品亦已上架，客人就可以購物了！但是，選購好產品之後，他們要如何付款給你呢？不同客人想以不同方式付款，網店又能夠支援各種方式嗎？你可以到後台左下方的「設定」，進入「付款設定」然後

❷ 按下右上方的「增加」即可加入新的付款方式。

❸ 根據你所使用的不同計劃，可用的付款方式以及其手續費也會有所不同。SHOPLINE 現支援普及的信用卡、PayPal、銀行轉帳等，亦有近年流行的 Apple Pay、支付寶等。點選付款方式之後，根據指示填上相關的帳戶資訊，或者轉跳至該網頁進行啟動即可。

一些收款方式例如貨到付款、銀行轉帳等，客人需要更詳細的付款指示，例如轉帳戶口、貨到付款的資訊、流程、以至多少天內需完成交易等。因此，你可以在付款指示中填上相關資訊，讓客人更清楚整個付款流程。

PayMe for Business /
轉數快（FPS）收款（2019 全新收款方式）

　　SHOPLINE 在 2019 年全新支援 PayMe for Business 以及轉數快（與滙豐合作推出）的收款方式，讓更多店家可以有一個簡單的電子支付方法。登入管理後台，到「設定」中的「付款設定」，再按「增加」以加入 PayMe 或 轉數快 收款選項。

　　由於兩種付款方式都需要店家填寫額外資訊，包括 Client ID、Client Secret、Signing Key 及商戶號等，店家需先與 SHOPLINE 開店顧問聯絡（透過 https://shopline.hk 或你的開店顧問），由我們協助安排處理。

若需要了解有關 PayMe 和轉數快更詳細資料，可掃瞄 QR code 到教學查看更多。

PayMe：https://bit.ly/2umeaBa　　轉數快：https://bit.ly/2OXaoqu

信用卡收款

　　SHOPLINE支持不同類型的信用卡收款方式，包括經Stripe、Paypal、Apple Pay。

Stripe　　*每筆交易會收取訂單總額的 3.4% + HK$2.35*

Stripe 是一家創新的網上刷卡服務公司，他們務求把所有繁複的申請程序與付款程序做到最簡化，方便各店主和買家進行交易。支援信用卡類別：VISA / MASTERCARD / AMERICAN EXPRESS。

登入管理後台，到「設定」中的「付款設定」，再按「增加」以加入 Stripe 收款選項。然後跟隨指示完成啟動功能。

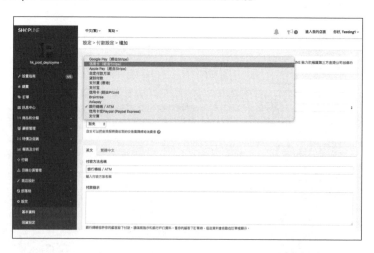

若需要了解有關 Stripe 信用卡更詳細資料，可掃瞄 QR code 到教學查看更多。

網站：https://bit.ly/2Tu3ITE

PayPal
每筆交易會收取訂單總額的 3.9% + HK$2.35

❶ 首先登入 PayPal 戶口，點擊數個步驟，並取得您的「API 用戶名稱」、「API 密碼」及「簽名」

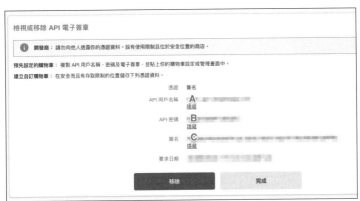

❷ 然後到 SHOPLINE 的後台的「付款設定」中增加「信用卡或 PayPal (PayPal Express)」，把相應的資貼上。

若需要了解有關 Paypal 更詳細資料，可掃瞄 QR code 到教學查看更多。

網站：http://bit.ly/2ezTKwL

Step 4：**物流設定**

❶ 收款方式也設定好之後，假如開始有客人下單，就要設定如何發送貨品給客人了。SHOPLINE 串接了順豐速運作為主要的物流方式，同時店家也可以自訂其他方式送運，讓消費者更有彈性及自由度選擇適合的方式收件。

在後台左下方的「設定」中，按進「送貨設定」，立即可以開始設定送貨方式。

❷ 首先選擇你想加到網店的物流方式，可以是速遞／自取或者自訂方式。例如是順豐速運的串連功能，你需要填入月結卡號、寄件公司、電話、地址等。填妥所需資料之後，客人就可以選擇相應的方式送貨。另外，你亦可以選擇使用自訂送貨方式，例如香港郵政。只需要填好送貨方式簡介、到貨時間說明以及收費模式（固定收費或按重量收費）即可。

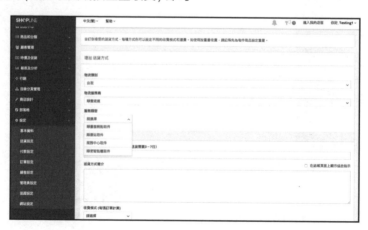

Step 5：**Google Analytics數據設置**

❶ 在SHOPLINE後台串接Google Analytics後，基本網站數據便可一目了然。Google Analytics 為你提供清楚的實時動態、目標對象、客戶開發、行為、轉換。首先登入你的Google帳戶，進入Google Analytics的頁面，點選最右邊的「註冊」。跟著版面所示，逐步完成設定後，你就可以開始使用 Google Analytics 取得網店相關的數據資訊了！

❷ 回到SHOPLINE後台，在左下方「設定」中，按進「追蹤設定」，點選Google Analytics。

❸ 把「追蹤編號」複製到SHOPLINE後台，就會完成Google Analytics 串接GOOGLE 後台。

Step 6：**利用優惠訊息刺激銷售**

❶ 在完成商品上架、金物流的設定後，可以利用促銷活動來增加人流和訂單，並配合 SHOPLINE 已串接好的追蹤工具來分析促銷活動的成果。先說說如何建立「免運活動」。在 SHOPLINE 後台左下方「特價及促銷」中，按進「免運費」，然後點「增加」。

❷ 在「基本資料」中填入活動名稱、選擇生效條件類型、設定折扣金額。而在「設定目標群組」內可設定該優惠活動，適用於「所有顧客」或登入網店的「會員」和「每位會員可使用的次數」。在「設定優惠與標準」裡，可設定專屬的促銷代碼，或讓系統自動代入優惠，優惠的時間及該優惠可被全店訂單使用的次數。在「設定付款及送貨方式」中設定是否適用於全部的付款／送貨方式。

❸ 另外，你也可建立「折扣優惠活動」，針對指定商品或全單消費金額設定優惠。在SHOPLINE後台左下方「特價及促銷」中，按進「優惠活動」，然後點「增加」。

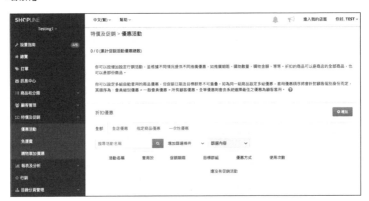

❹ 在「基本資料」中填入活動名稱、選擇生效條件類型 (沒有條件／當全單達到…／當指定商品達到…)、設定折扣金額 (% 折扣／固定金額)。「設定目標群組」內設定該優惠活動適用於「所有顧客」或登入網店的「會員」和「每位會員可使用的次數」。並在「設定優惠與標準」入面設定專屬的促銷代碼，或讓系統自動代入優惠，優惠的時間及該優惠可被全店訂單使用的次數。最後在「設定付款及送貨方式」設定是否適用於全部的付款／送貨方式。

《第一次開網店就大賣第六版增修版》

■ 系　　　列：投資理財

■ 作　　　者：SHOPLINE

■ 出 版 人：Raymond Lam

■ 責任編輯：Phoebe、Ken

■ 封面設計：史迪

■ 內文設計：梁世偉、卡文

■ 香港出版：火柴頭工作室有限公司

■ 電　　　郵：info @ matchmediahk.com

■ 發　　　行：泛華發行代理有限公司

　　　　　　　九龍將軍澳工業邨駿昌街7號2樓

■ 承　　　印：新藝域印刷製作有限公司

　　　　　　　香港柴灣吉勝街45號勝景工業大廈4字樓A室

■ 出版日期：2023年2月 (第六版)

■ 定　　　價：HK$128 / NT640

■ 國際書號：978-988-75826-7-0

■ 建議上架：(1) 投資理財　(2) 工商管理